Meirong Hufu Shizuo

美容美体与健康管理丛书

美容护肤实作

林山　霍艳／主编　　郑芸／副主编

化学工业出版社

·北京·

内 容 提 要

本书结合中、高职院校理实一体化教学模式，依据国家美容师资格考评标准，注重面部护理流程和操作手法的专业性、系统性、实用性和多样性。全书共分为十个章节，具体内容包括：皮肤的生理学、皮肤的分类及分析皮肤的方法、面部皮肤专业护理程序、面部清洁、面部按摩、面膜技术、头部耳部按摩、颈肩部皮肤护理、手部皮肤护理、眼部皮肤护理等。

本书既可作为职业教育的美容美体艺术、人物形象设计专业及相关专业教材，还可为美容职业培训和美容护理操作提供参考。

图书在版编目（CIP）数据

美容护肤实作 / 林山，霍艳主编. — 北京：化学

工业出版社，2020.8 （2025.3重印）

（美容美体与健康管理丛书）

ISBN 978-7-122-37053-2

Ⅰ. ①美… Ⅱ. ①林… ②霍… Ⅲ. ①美容－高等职业教育－教材 ②皮肤－护理－高等职业教育－教材 Ⅳ.

①TS974.1

中国版本图书馆 CIP 数据核字（2020）第 085913 号

责任编辑：李彦玲　　　　　　　　　　　美术编辑：王晓宇
责任校对：刘曦阳　　　　　　　　　　　装帧设计：水长流文化

出版发行：化学工业出版社（北京市东城区青年湖南街 13 号　邮政编码 100011）
印　　装：河北延风印务有限公司
787mm×1092mm　1/16　印张 7　字数 130 千字　2025 年 3 月北京第 1 版第 5 次印刷

购书咨询：010-64518888　　　　　　　　售后服务：010-64518899
网　　址：http://www.cip.com.cn

定　　价：35.00 元

前言

　　自美容美体艺术专业设立以来，我们一直在建立具有时代特色的职业教育新模式和促进"双证课程"体系落实方面进行探索与实践。为实现高职教育"基础理论适度、技术应用能力强、知识面较宽、综合素质较高"的人才培养目标，推进美容美体艺术教育的突破与创新，结合国内外先进经验和多年来的教学实践，我们编写了本书。

　　本书结合中、高职理实一体化教学模式，在编写上进行了全新的整改和划分。内容上最大程度地围绕市场需求、培养方向、知识重点、能力结构体系等方面进行探讨和研究，编写了皮肤的生理学、皮肤的分类及分析皮肤的方法、面部皮肤专业护理程序、面部清洁、面部按摩、面膜技术、头部耳部按摩、颈肩部皮肤护理、手部皮肤护理、眼部皮肤护理等十个章节的内容。其中增加了颜面、颈部肌肉分布，颜面、颈部骨骼分布以及重要体表标志等新内容，增强了面部相关理论及在护理操作时的准确定位。实践技能方面，在传授中、高级美容师必备的专业护理手法的同时，调整、更新了面部清洁、面部按摩的操作手法，采用了韩国专业美容师考试和美容职业技术测试等相关护理流程、卫生标准及按摩手法，突出实践教学环节，加强基本功训练。

　　本书内容涵盖广、结构新颖、专业性强，既有配合课堂理论教学的专业理论知识，又有为加强实践教学，培养实际操作技能的综合实作内容，突出了教材的专业性、具体性、实用性、创新性，注重了知识的学术性、系统性、前瞻性。每个章节还明确了章节内容和教学要求，并且还通过二维码扫码学习的新型模式，可以让读者反复地观看和练习实践操作内容。通过本书的学习，将使读者尽快掌握美容面部护理的理论体系及面部护理的相关专业技能，提高实际操作能力。

　　本书编写的人员有：林山、霍艳、郑芸、郭方达、周婷婷、李桂杰、仇淼、刘荔青、范红梅、牛羚羚，主要模特为金聪慧、戴月、郭灿、石雨麟等，视频及图片处理人员为顾逸群。此外，本书在编写过程中还得到了化学工业出版社的大力帮助以及华辰（润芳可）生物科技有限公司、辽东学院的大力支持，在此表示衷心感谢。

　　对于本书的不足之处，欢迎读者提出宝贵的意见和建议，以便进一步完善。

编者

2020年4月

目录

第 一 章　皮肤的生理学

第 二 章　皮肤的分类及皮肤分析方法

第三章 面部皮肤专业护理程序

第四章 面部清洁

第 五 章　面部按摩

第 六 章　面膜技术

第 七 章　头部、耳部按摩

第 一 章

皮肤的生理学

教学要求

1. 了解皮肤的生理功能。

2. 了解皮肤的血管、淋巴管、肌肉及神经。

3. 熟悉颜面颈部肌肉分布。

4. 熟悉颜面颈部骨骼分布。

5. 熟悉重要体表标志。

6. 掌握皮肤的解剖结构及生理功能。

7. 掌握皮肤的附属器及其功能。

8. 掌握皮肤的酸碱度。

第一节 皮肤的解剖结构

一、概述

皮肤覆盖于人体的表面，是和外界环境直接接触的部分，被称为人体的"第一道防线"。皮肤是人体最大的器官，它在口唇、肛门、尿道口和阴道口等处与各器官的黏膜相连接。

皮肤因分布的部位不同，在厚度、质地和颜色上会有所区别；因性别的不同，女性和男性的皮肤细腻、柔软程度也不一样。另外，皮肤的状况还与年龄、种族、地区、季节、职业及患某些疾病等都有关系。

（1）面积　成人全身皮肤的面积男性约为1.6平方米，女性约为1.4平方米。

（2）重量　约占人体重量的16%。

（3）厚度　一般为0.5～4毫米。表皮厚度约为0.1毫米，真皮厚度可达0.2～4毫米。其中以眼睑的皮肤最薄，仅0.5毫米，其次为乳房、外阴等处；手掌、足底的皮肤最厚，约为2～4毫米。皮肤较厚之处，是常与外界接触、易受摩擦或负重持重之处；皮肤较薄之处，是感觉敏锐（如乳房和耳郭）、不易受摩擦（如四肢内侧或曲侧）或既要保护深部器官又便于深部器官活动（如眼睑）之处。

（4）外观　有许多皮纹、汗孔和毳毛（汗毛）。在皮肤表面有许多纤细的凹陷称皮沟；沟与沟之间的隆起称皮嵴，两者相间组成皮纹。在手背、颈相部皮沟最为清晰。在手指、足趾末端曲面，皮嵴和皮沟形成的涡纹称为指（趾）纹。指纹由遗传因素决定，个体之间有差异。

（5）分类　根据皮肤的特点，可将其大致分为有毛的薄皮肤和无毛的厚皮肤两种类型，前者覆盖身体的大部分区域，后者分布于掌跖和指（趾）曲侧面，能耐受较强的机械性摩擦。有些部位皮肤的结构比较特殊，不属于上述两种类型，如口唇、外阴、肛门等皮肤、黏膜交界处。

（6）附属器　皮肤的附属器包括皮脂腺、汗腺、毛发、指（趾）甲。

二、皮肤的结构

皮肤由外向内可分为表皮、真皮、皮下组织（图1-1）。

1. 表皮

表皮是复层鳞状上皮。主要由角质形成细胞和非角质形成细胞构成。非角质形成细胞数量较少，散在于角质形成细胞之间，包括黑色素细胞、朗格汉斯细胞和麦克尔细胞等。

表皮由内到外可分为5层：基底层、棘层、颗粒层、透明层和角质层。表皮的各层实际是由处于角化过程中不同阶段的细胞形成的。基底层的角质形成细胞是表皮细胞的生化之源，它不断地产生新细胞，并逐渐向皮肤表层推移，变成表皮的各层细胞，最后变成死亡的角质细胞，并以皮屑的方式脱落。从一个基底细胞产生，最后到变成皮屑脱落需要28天，这是表皮细胞的更替时间，也是皮肤的生长周期。这个过程称之为新陈代谢周期。但随着年龄增长、人体老化，皮肤的代谢周期不永远都是28天，18岁以后，皮肤的代谢周期，大致为年龄加上10天左右。因此，我们不能违背皮肤的生长规律，过度地进行深层清洁或去死皮护理，否则会使皮肤变薄及损伤皮肤。

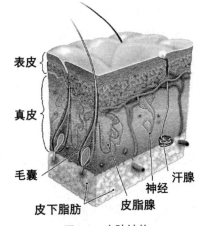

图1-1　皮肤结构

（1）角质形成细胞（图1-2）

① 基底层：即基底细胞层，是表皮的最底层，基膜与真皮的乳头层呈波浪式连接。由一层立方形或圆柱状细胞组成，主要由角质形成细胞和黑素细胞构成。

角质形成细胞呈单层排列，它借基膜从真皮乳头层毛细血管处吸收营养，具有旺盛的分裂增殖能力，是表皮各层细胞的来源。当皮肤受外伤时，如果角质形成细胞未遭破坏，经一段时间，皮肤可以恢复正常，而且不会遗留疤痕。

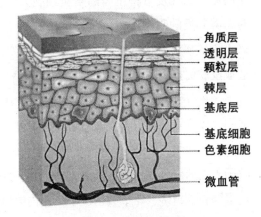

图1-2　角质形成细胞

② 棘层：即棘细胞层，位于基底层之上，由4~10层多边形体积较大的细胞组成，是表皮中最厚的一层。细胞表面有许多棘状的突起。棘细胞内含有大量的张力微丝，纵横交错，以适应外界各种方向来的压力。细胞间隙中有组织液和营养物质，有利于表皮细胞间的物质交换和营养的供给。棘层中还有来源于骨髓的朗格汉斯细胞，呈树突状，参与表皮的免疫功能，为免疫活性细胞，能调节表皮细胞的增殖与分化，具有吞噬作用，能激发启动皮肤移植的排异反应。

③ 颗粒层：位于棘层的上方，由2~4层梭形或扁平细胞组成。这些细胞几乎接近死亡，正要蜕变成角化细胞。细胞内含有大量形态不规则的透明角质颗粒，成为阻止物质透过表皮的主要屏障，并有折射光线的作用，可以减少紫外线射入体内。

④ 透明层：位于颗粒层和角质层之间，由2~3层薄而扁平的细胞组成，此层已失去细胞结构而呈均质透明状，有强折光性。只有手掌、足底等表皮较厚之处的皮肤才有此层，

在薄的表皮，此层薄而不完整或缺失。透明层富含疏水性的磷脂，具有防止体内或体外的水和电解质通过的屏障作用。

⑤角质层：位于表皮的最外层，由多层扁平角质细胞和角层脂质组成。掌跖部角质层较厚，可达40～50层。其他部位多在5～15层。细胞排列紧密，细胞内充满由均质状物质与张力细丝结合而形成的角蛋白，较坚韧，对物理刺激及酸、碱等有一定的防御作用。角质层的角化细胞到一定时间就会自行脱落，形成皮屑，同时会有新形成的角化细胞来补充。经常受摩擦部位的皮肤的角质层比较厚，如手掌、足底等处；眼睑部的角质层最薄，皮肤比较娇嫩。

角质层的厚薄对人的肤色和皮肤的吸收能力有一定的影响。角质层过厚，会使皮肤看上去发黄、灰暗，缺乏光泽，且皮肤的吸收能力也差。因而在做皮肤护理时，美容师常利用磨砂、去死皮等将过厚的角质细胞去除，从而使皮肤细嫩而富有光泽，同时也提高皮肤对营养物质的吸收能力，达到理想的护肤效果。值得注意的是，眼睑部角质层很薄，不能做人工脱屑；其他部位做脱屑的次数也不能过频，若脱屑的速度大于皮肤的生长速度，易造成皮肤的损伤。同时，按摩时力度要适中，避免拉松及损伤皮肤。

（2）黑色素细胞　黑色素细胞出现在表皮基底层及其上层，稀疏散布在角质形成细胞之间，黑色素细胞内含有黑色素小体，其为含有酪氨酸酶的细胞器，是合成黑色素颗粒的场所。黑色素细胞的数量与部位、年龄有关，而与肤色、人种、性别等无关。黑色素颗粒能吸收阳光中的紫外线，阻止其射入体内伤害深层组织。外界紫外线越强，黑色素细胞分泌的黑色素颗粒就越多。在一般情况下，体内的硫氢基物质有抑制酪氨酸酶的作用，而紫外线可使硫氢基氧化，从而解除对酪氨酸酶的抑制，使黑色素颗粒形成加快、增多，因此，接触日光较多的人皮肤较黑。当然黑色素也受神经内分泌因素的调节。腺垂体可分泌促黑激素，刺激黑色素细胞合成分泌黑色素，妊娠期面部和乳头的色素沉着，即是黑激素的作用。另外疾病、遗传、环境等因素也可以影响黑色素细胞的功能。因此肤色和皮肤色素沉着的程度主要不在于黑色素细胞的数量，而取决于黑色素细胞的活性、黑色素颗粒的数量和大小。

（3）梅克尔细胞　位于基底层的还有梅克尔细胞，又叫触觉细胞，呈卵圆形或圆形。它与神经末梢结成梅克尔触盘，可能具有非神经末梢介导的感觉作用，感受机械刺激和触觉。

2. 真皮

真皮位于表皮和皮下组织之间，借基膜与表皮呈波浪状相连；真皮与皮下组织间无明显分界，而是由网状层逐渐过渡为皮下组织。真皮的厚度为表皮的10倍，女性真皮较男性更薄。手掌、足底、项部、背部等处真皮最厚，可达3毫米。眼睑和包皮的真皮最薄，约为0.3~0.6毫米。

真皮由大量纤维结缔组织、细胞和基质构成，并含有丰富的血管、淋巴管、神经、腺体和立毛肌等。当皮肤划伤深及真皮时，会产生疼痛感觉，皮肤会出血。创伤修复过程中纤维组织大量增生，伤愈后会留疤痕。

真皮中的纤维结缔组织有三种：胶原纤维、弹力纤维、网状纤维。它们使皮肤具有柔韧性和弹性。其中胶原纤维（占95%）具有良好的韧性，起抗牵拉的作用；弹力纤维有较好的弹性，可使牵拉后的皮肤恢复原状；而网状纤维在真皮中交织成网，起皮肤支架的作用。如果真皮中上述3种纤维减少，皮肤的弹性、韧性下降，缺乏支撑，就容易产生皱纹。

基质是黏性胶状物，填充在纤维组织和细胞之间，它的主要成分是黏多糖，还有一些蛋白质、盐分和大量的水分，起保持皮内水分、进行物质代谢、提供营养的作用。

真皮中的细胞主要为形成各种纤维组织和基质的成纤维细胞及组织细胞。

① 乳头层：乳头层位于真皮浅层，紧贴表皮的深面。由大量的胶原纤维和少量的弹性纤维交织构成，纤维束细小，排列方向不定，且疏松，含有丰富的毛细血管网和感受器，毛细血管的扩张与收缩有助于调节体温，感受器能感受皮肤外界刺激。此层组织形成许多突向表皮基底层的乳头状隆起，称真皮乳头，扩张了真皮与表皮的接触面，有利于二者的紧密结合和表皮的营养供给与代谢。

乳头层的主要功能：提供营养、感觉刺激、形成皮纹、调节体温等。

② 网状层：位于真皮深层，与乳头层的分界不明显。此层较厚，是真皮的主要组成部分。由大量粗大呈带状的胶原纤维密集交织而成，亦有许多弹力纤维的参与。纤维束的排列方向与体表的张力线相平行，相邻纤维相交成一定角度以适应各种方向的拉力。在纤维之间散在分布着成纤维细胞、巨噬细胞、白细胞等。

网状层的主要功能：抗牵拉、进行物质交换与代谢、防御功能、再生与修复功能等。

3. 皮下组织

皮下组织又称浅筋膜，位于真皮和深筋膜之间，其厚度约为真皮层的5倍，主要由大量的脂肪细胞和疏松的结缔组织构成，含有丰富的血管、淋巴管、神经、汗腺和深部毛囊等，并使皮肤具有一定的移动性。皮下组织虽不属于皮肤，但与皮肤的关系密切，其纤维与真皮直接连续，对美容起着重要的作用。

（1）皮下组织的结构　皮下组织中的疏松结缔组织由纤维、细胞和基质组成。纤维疏松地交织成网，网眼中散布着各种功能不同的细胞。在纤维与细胞之间充满着均质的基质。所含三种纤维中，以胶原纤维最多。细胞包括成纤维细胞、巨噬细胞、肥大细胞、浆细胞和淋巴细胞等。基质主要成分是蛋白多糖（黏蛋白），其多糖成分包括透明质酸、硫酸软骨素A、硫酸软骨素C、硫酸角质素和肝素等，以透明质酸为多。在含有大量脂肪组织的皮下组织中，疏松结缔组织形成脂肪小叶间隔，间隔内有血管、神经走行。

皮下组织一般富含脂肪，在人体不同部位各有其特点。

① 不含脂肪的部位，如眼睑、阴茎、阴囊、阴蒂和小阴唇等处；含少量脂肪的部位，如外鼻、耳郭、口唇等处；含脂肪丰富的部位，如手掌、足底、臀部等处。

② 皮下组织有性别的差异，如女性腹部、臀部和大腿部的脂肪最为丰富，男性腹部脂肪主要堆积在腹腔内。

③ 在腹壁下部（脐平面以下）浅筋膜分为两层：浅层称网隙层，位于真皮下，布于全身，由小的脂肪球紧密镶嵌在有纤维组织交织而成的纤维隔内；深层称板状层，由大的脂肪球疏松镶嵌在纤维隔内。板状层仅在腹部、髂腰部、大腿上部、臀上部等处较明显，而在胸部中线区、乳房下皱襞、胸部前外侧、髂嵴、腹股沟、大腿中下段以及小腿后部、踝部等处均无板状层。

（2）皮下组织的功能

① 贮能库：皮下组织含有大量的脂肪细胞，其脂肪被分解后可以释放能量，供人体生理功能和活动的需要。人体摄入的过多热量或不能及时利用的能量也会以脂肪的形式贮存在脂肪细胞中。

② 弹性垫：因皮下组织较厚，含有丰富的脂肪组织和疏松结缔组织（胶原纤维与弹力纤维），能缓冲外力和抵抗牵拉刺激。

③ 保温防寒：皮下组织是人体贮存能量的"仓库"，它是机体天然的保温层。

④ 防御功能：皮下组织中含有大量的巨噬细胞、浆细胞和淋巴细胞，产生免疫反应和免疫应答，参与人体抵抗力的形成。

⑤ 支持功能：皮下组织对皮肤起着支撑的作用，使皮肤与深部组织紧密相连，并营养皮肤。其厚度决定着皮肤的弹性与韧性，影响着皮肤皱纹的产生。

⑥ 维持人体体形：骨骼、肌肉与脂肪是构成体型的三大要素。皮下脂肪填充在人体各处，不但决定着个体的体型，而且形成人体优美的曲线。它的厚薄影响着人的形体美。如脂肪堆积过厚，会使人看上去臃肿；皮下脂肪过少会使人显得瘦弱，缺乏线条美。

三、皮肤的附属器

皮肤的附属器有汗腺、皮脂腺、毛发和指（趾）甲。

1. 汗腺

人体的汗腺非常发达，全身约有200万～450万条。

汗腺因部位不同而存在分布的差异，手掌、足底、前额和腋窝的汗腺最多；唇红、阴茎头、阴唇等处无汗腺。

根据汗腺的形态大小、分泌方式、部位与结构的不同，可分为大、小汗腺。

（1）小汗腺

① 分布：除口唇、阴茎头、小阴唇等处外，广泛分布于全身。

② 结构：小汗腺由腺体和导管两部分组成。腺体位于真皮的网状层和皮下组织内，导管起自腺体，由两层立方上皮构成，管腔小，在表皮内迂曲回旋，以漏斗状的形式开口于

皮肤表面，形成汗孔。

③功能：分泌汗液，其主要成分为水、无机盐和少量尿酸、尿素等代谢产物。具有润泽皮肤、调节体温、排泄废物、维持内环境平衡及吸收营养物的作用。

（2）大汗腺

①分布：主要分布于腋窝、乳晕、大阴唇、阴囊以及外耳道等处。

②结构：与小汗腺相同，但导管腔大，弯曲少，多开口于毛囊出口附近。

③功能：分泌汗液。大汗腺在青春期时开始发育，分泌物为浓稠的乳状液体，含有蛋白质、糖类和脂类等。此汗液排出后容易被细菌分解而产生臭味，在腋部常称腋臭。

2. 皮脂腺

①分布：除手掌、足底、唇红和阴茎头外，皮脂腺遍布全身。尤以头面部最多，其次为前胸和背部。无皮脂腺的部位容易发生干裂。

②结构：皮脂腺由腺体和导管两部分组成。腺体位于真皮深层，为梨形小叶，导管多位于立毛肌和毛囊的夹角之间，并开口于毛囊。但位于口唇外侧角、乳晕、小阴唇和包皮内面的皮脂腺导管则直接开口于皮肤表面（因这些部位无毛囊）。

③功能：分泌皮脂。皮脂与皮肤表面的汗液混合，二者乳化形成皮脂膜，可滋润皮肤、毛发，防止皮肤水分蒸发、干裂等。同时皮脂呈弱酸性，对细菌有一定的抑制和杀灭作用。

皮脂腺的分泌功能受性激素和肾上腺皮质激素的作用，在青春期分泌旺盛。若皮脂分泌过多，使腺体的开口堵塞，皮脂堆积在毛囊内，不能顺利排出，就会形成粉刺、痤疮等皮肤问题，从而影响美容。若皮脂分泌过少，不足以滋润皮肤，皮肤会出现皱纹、干裂等现象。

3. 毛发

①分布：在人体表面除口唇、手掌与手指侧面、足底足侧面和趾侧面、阴茎头、包皮、阴蒂和小阴唇等处无毛发外，广泛分布于全身。

②结构：毛发由角化表皮细胞构成，分为毳毛和硬毛两类。毳毛又称汗毛，主要分布于面部、颈部、躯干和四肢。硬毛分为两种，一是长毛，包括头发、胡须、腋毛和阴毛等；二是短毛，包括眉毛、睫毛、鼻毛和耳毛等。

毛发露出皮肤表面的部分称毛干，皮内部分称毛根。毛根末端膨大部分为毛球，毛球下端呈凹陷状，真皮组织深入其中，形成毛乳头。毛乳头内含有丰富的毛细血管和神经末梢，为毛发生长提供营养。毛球下层与毛乳头相接处为毛母基，是毛发的始发点和生长区。毛球内散在有黑色素细胞，能分泌黑色素颗粒，为毛发提供色素。若黑色素颗粒少则毛发呈灰色；无黑色素颗粒毛发呈白色；毛发中含铁多时，会呈现红色或褐色。包围在毛根上的上皮组织称毛囊，由纤维结缔组织和毛囊上皮细胞构成，是毛发生长的场所。因此，毛乳头是提供毛发生长的营养物质。

③功能：保温、维持人体形态美、协助排汗、抗摩擦、缓冲外力等。

④ 毛发的生长周期：分为生长期、退行期和休止期。生长期毛发颜色深，毛干粗而有光泽；休止期毛发细而干硬，色淡无光。头发的生长期为2～7年，退行期为2～3周，休止期为2～3个月。

毛发的生长受神经内分泌的调节和控制。睾酮能促进须部、腋窝及阴部毛发生长。每天正常脱发一般不超过100根。若神经紧张、长期失眠或营养不良，会影响毛发生长，造成脱发。毛发与皮肤呈一定倾斜度，在毛囊的钝角侧有立毛肌，受交感神经支配。

4. 指（趾）甲

① 分布：指甲覆盖在指、趾末端。

② 结构：指甲为致密坚厚、半透明状的角质板，由甲板和甲根两部分构成。甲板是暴露在皮肤外的部分，其深面为甲床，内涵丰富的血管、神经。甲根为隐藏在皮内的部分，位于身体的近端，其深面的甲床为甲母基（甲基质），是指甲的生长区。甲母基有很强的分裂增殖能力，可产生新细胞，形成甲板。若甲母基遭到破坏，指甲不能再生长。如甲根部皮肤发炎或起皮疹，指甲会因营养不良而变薄变脆、凹凸不平或失去光泽，影响手部整体美。

③ 功能：增加指（趾）尖力度、保护尖端软组织、增加局部美感。

四、皮肤的酸碱度

由于在人体皮肤表面存留着尿酸、乳酸、游离脂肪酸等酸性物质，所以皮肤表面常显弱酸性。健康的东方人皮肤的pH值应该在4.5至6.5之间，最低可到4.0，最高可到9.6，皮肤的pH值平均约5.8。

皮肤只有在正常的pH值范围内，也就是处于弱酸性，才能使皮肤处于吸收营养的最佳状态，此时皮肤抵御外界侵蚀的能力以及弹性、光泽、水分等等，都为最佳状态。可见pH值与安全、舒适、保养是密不可分的。比如我们最常用的雪花膏制品pH值为7.33，沐浴用肥皂制品pH值为10.57，而收敛性化妆水制品pH值为3.4。洗面奶国家标准规定pH值为4.5～8.5。皮肤表面的这种弱酸环境对酸、碱均有一定的缓冲能力，称为皮肤的中和作用。皮肤对pH值在4.2～6.0范围内的酸性物质也有相当的缓冲能力，被称为酸中和作用。皮肤对碱性物质的缓冲作用，称为碱中和作用。当肌肤表面受到碱性物质的刺激而改变pH值时，酸性的脂肪膜也有能力在短时间内，将肌肤表面的酸碱度调整回原来的指数。

皮肤的好与坏，其主要原因在于皮肤是否健康，而是否健康又体现为皮肤的碱中和能力。不同的人在不同时期皮肤的pH值常在4.5～6.5之间变化，也有一些超出这个范围的，如果皮肤pH值长期在5.0～5.6，皮肤的碱中和能力就会减弱，肤质就会改变，最终导致皮肤的衰老和损害。所以，只有选配相对应的护肤品，使皮肤pH值保持在5.0～5.6之间，皮肤才会呈现最佳状态，真正达到更美、更健康的效果。任何一种护肤方式，不管是基因美容，还是纳米技术，都不能违背这一原则。而不论肌肤表面酸碱值是多少，只要其碱中和能力强盛，就能抵抗容易造成过敏的过敏源，使肌肤保持健康。如果碱中和能力较弱，就算测出的pH值很低，也会因中和不了碱性刺激而容易过敏，也就容易受外界化学刺激的伤害而出现相应的皮肤损害，如潮红、皮疹及各种炎症。另外，皮肤表面的弱酸环境还能够抑制某些致病微生物的生长。

皮肤对冷霜和雪花膏类乳膏的中和能力较强。相反，皮肤对肥皂、美白粉类制品的缓冲中和能力较差，其中和能力较低。因此，人们经常使用肥皂和涂抹碱性化妆品时，皮肤容易发炎或生斑疹。特别是皮肤粗糙的人或是多汗的人，其皮肤的中和能力较低，更不宜久用碱性化妆品。研究证明，具有弱酸性而缓冲作用较强的化妆品对皮肤是最合适的。

五、皮肤的血管、淋巴管、肌肉及神经

1. 皮肤的血管

表皮没有血管，故很浅的伤口不会出血；当伤及真皮乳头层时，皮肤才会出血。皮肤的血液供给是以形成皮肤动脉网为特征的。动脉由深丛进入皮肤，首先在皮下脂肪和真皮交界处形成真皮下血管网，由此血管网向真皮发出分支形成真皮内血管网，并由上行小动脉延伸到乳头下，形成乳头下血管网。再发出许多小动脉终末支到乳突，形成毛细血管袢。

静脉回流自真皮乳头层开始，伴随动脉走行，在动脉网处形成相对应的静脉丛。流经乳头下血管网的血量，可通过动静脉短路进行控制。皮肤的血管结构除供给组织的营养外，还起着调节体温、快速让血液通过的作用。真皮内血管网被认为是皮片移植血运重建的解剖基础。

2. 皮肤的淋巴管

皮肤的淋巴管很发达，在真皮乳头层内有许多以盲端起始的毛细淋巴管，并伴随血管走行，也先后在真皮两层之间、真皮与皮下组织之间分别形成浅、深毛细淋巴网，然后在皮下组织内汇合成较大的皮下淋巴管，与静脉伴行离开皮肤。皮肤淋巴管的作用不仅能协助静脉运送体液回流，而且也是人体重要的防御结构，能过滤淋巴液参与免疫过程，是人体必不可少的防护屏障。当皮肤淋巴管循行受阻时，容易出现机体水肿的现象。淋巴排毒手法就是运用此机理，促进淋巴回流，发挥预防和减轻人体水肿、带走机体代谢废物的作用。

3. 皮肤的肌肉

立毛肌是皮肤内唯一的肌肉，属平滑肌，不受意识支配，为不随意肌。它的一端附着到毛囊的结缔组织鞘，另一端与真皮乳头层的结缔组织相连。在寒冷、惊恐、愤怒时立毛肌收缩，毛发竖立。同时立毛肌的收缩可帮助皮脂腺排出分泌物即皮脂。身体绝大部分的毛都有立毛肌，但面部和腋部的毛，睫毛、眉毛、鼻毛和耳毛没有立毛肌。

4. 皮肤的神经

皮肤中有极丰富的神经纤维和神经末梢，从皮下组织来的神经纤维束在真皮中向水平

方向扩展，分支形成网丛。网丛的每一根神经纤维最后都单独行走，供给一小块皮肤，有重叠分布，所以任何一处皮肤都有网丛的数根神经纤维供给。大多数神经末梢止于真皮，有些穿过基膜，进入表皮深部。

感觉神经末梢主要有两类：一类为游离神经末梢司痛觉，见于表皮和真皮浅层。另一类为神经小体，主要见于真皮层和皮下组织内，如梅克尔触盘、触觉小体司触觉；克氏终球司冷觉；露菲尔小体司热觉；环层小体为压力感受器。

皮肤的运动神经只有交感神经，分布在汗腺、血管的平滑肌和立毛肌。

第二节　皮肤的生理功能

一、保护功能

皮肤是人体的第一道防线。正常皮肤表面因皮脂和汗液的作用而呈弱酸性（pH5.5～6.5），对细菌有一定的抑制和杀灭作用；表皮的各层具有阻止物质通过和细菌入侵的作用，并能抵抗摩擦、绝缘和抗酸碱刺激；真皮具有抗压、抗牵拉和缓冲外力的作用；表皮中的角蛋白和角质颗粒能折射光线，黑色素可吸收紫外线，起到防止日光对机体的损伤作用；皮肤各层内的免疫细胞，如巨噬细胞、朗格汉斯细胞、浆细胞、白细胞、肥大细胞等，能对外来的异物产生免疫应答与排斥作用，阻止其任意进入机体。

二、皮肤的吸收途径

①通过角质层细胞膜渗透进行吸收——脂溶性物质，如气体分子、维生素A、维生素D、维生素E、维生素K、激素等。

②通过毛囊口及腺体导管进行吸收——大分子及水溶性物质。

③通过表皮间隙进行吸收——少量的小分子物质。

三、皮肤对各类物质的吸收能力

皮肤对各类物质的吸收能力与物质的理化性质有关。

①脂溶性物质易被吸收。因此，羊毛脂、豚油等对皮肤均有良好的滋养作用。矿物油因其分子量很大而难以被皮肤吸收。

②皮肤对维生素有一定吸收能力。脂溶性维生素易被吸收，如维生素A、维生素D、维生素E、维生素K等，对水溶性的维生素吸收能力较差，如维生素B、维生素D等。

③皮肤对某些金属元素，如铅、汞等有一定吸收能力。有些化妆品中含铅、汞成分，皮肤吸收后容易蓄积而造成中毒，出现黑斑、皮疹等。

四、影响皮肤吸收功能的因素

皮肤的功能状态与物质的形状会影响皮肤的吸收能力。

① 角质层的厚薄。角质层越薄，营养成分越容易透入而被吸收。美容师在做皮肤护理时，可根据皮肤状态适当的用脱屑的方法，祛除无效角质，使皮肤吸收更好。

② 皮肤的含水量多少。皮肤含水量越多，吸收能力越强。

③ 毛孔状态。毛孔数量越多，并处于扩张状态时，营养物质可以通过毛孔到达真皮而被吸收。

④ 局部皮温。局部皮肤温度高，汗孔张开时，营养物质可以通过汗孔进入真皮而被吸收。皮肤按摩可增加局部温度，促进营养物质的吸收。

另外，还可利用机械力、电流刺激（如仪器导入）和化学性状（如酸碱度）改变来增大细胞膜的通透性而增加吸收。

五、分泌和排泄功能

主要是指汗液和皮脂的分泌。汗液含有99%的水分，出汗不仅能带走大量的热能，还能随带排泄出体内的代谢产物，如无机盐、尿素、尿酸等，以维持体内水盐和酸碱代谢平衡，减少毒素，减轻肾脏负担。汗液的分泌受神经系统的调节，而皮脂的分泌受内分泌的控制。雄激素和肾上腺皮质激素可促进皮脂的分泌，故年轻人的皮脂分泌旺盛，容易出现粉刺或暗疮。皮脂对皮肤有润泽和保护作用。

六、感觉功能

皮肤中含有丰富的神经末梢，可感受环境中的各种刺激，而产生痛、温、冷、压、触和痒等感觉，从而使机体对环境中的刺激做出趋利避害的反应。

七、体温调节功能

皮肤是机体进行体温调节不可缺少的器官。皮肤通过感觉神经末梢来感知外界温度的变化，通过一系列的反射，调节皮肤内血管的收缩和舒张、毛孔的关闭和开放、汗液分泌的减少与增多等，从而使皮肤表面的散热减少与增加来维持体温的恒定。另外皮肤与皮下组织中的脂肪组织可对人体起到保温御寒的作用。

八、代谢功能

皮肤属于人体的一部分，因此，它也参与了机体的代谢活动，而且对整个机体的代谢起着重要的作用。真皮和皮下组织中贮存有大量的水分和脂肪，不仅使皮肤润泽而丰满，也是机体的"储能库"。在一定情况下，皮肤中的水分和盐类可以进入血液，或由血液转入皮肤，以维持和调节体内的水盐代谢、酸碱代谢和能量代谢的平衡。皮肤中还含有蛋白质、盐类、糖类、维生素等，供给皮肤生长、修复的营养，满足皮肤新陈代谢的需要。皮肤在紫外线的作用下可合成维生素D和黑色素，能预防小儿佝偻病和老年骨质疏松症的产生，保护皮肤不被晒伤。

九、呼吸功能

皮肤可以通过汗孔、毛孔进行呼吸，直接从空气中吸收氧气，同时排出体内的二氧化碳，它的呼吸量大约为肺的1%。

面部的角质层比较薄，毛细血管丰富，又直接暴露于空气中，其呼吸作用较身体的其他部位更为突出。平时化妆过浓、带妆时间过长或晚上涂抹护肤品过于厚重，会妨碍皮肤的呼吸，损害皮肤的健康。

十、再生功能

皮肤的再生包括生理性再生和修复性再生两类。

生理性再生是指皮肤的角质细胞不断地死亡脱落，基底细胞又不断分裂增殖加以补充的现象，以维持皮肤细胞总量和生理功能的动态平衡，18岁之前周期为28天，18岁以后是年龄加10天左右。皮肤这种分裂增生活动，对睡眠良好的人来说，每日凌晨4点达到最高峰，约有14%的表皮细胞处于分裂增殖阶段。可见，皮肤的生理性再生主要在睡眠状态下进行。

修复性再生是指当皮肤受到外伤时，由表皮细胞分裂繁殖使创口愈合或将创面覆盖的现象，使皮肤恢复其完整性。皮肤修复时间的长短要根据受损伤的严重程度而定。如果是表皮和一部分真皮损伤，毛囊和汗腺导管是表皮细胞再生的主要来源；如果损伤深达皮下组织并伴有皮肤附件的缺失，则皮肤的愈合来自创缘皮肤的移行生长。

第三节　颜面颈部肌肉骨骼分布

一、颜面颈部肌肉分布

1. 概述

（1）面肌　面肌肌束属于皮肌，起自颅骨的表面或筋膜，止于面部皮肤，薄弱短小，主要分布于口裂、眼裂和鼻孔周围，集中于眼、耳、鼻、口周围，收缩可牵动皮肤开大和闭合上述孔裂，产生各种不同的表情，故又称为表情肌。

①额肌：额肌是一块非常薄的扁平肌肉，分为两块，上部分开，下部相连。额肌非常

发达，收缩产生额横纹，还能上提眉部，协助睁眼。

②眼轮匝肌：呈扁圆形，环绕眼裂周围，收缩时使眼睑闭合。

③皱眉肌：位于眼轮匝肌和额肌的深面，两眉弓之间。起自额骨鼻部，肌纤维斜向上外，止于眉部皮肤。收缩时牵拉眉头向下，出现皱眉的表情，并使眉间部皮肤产生纵沟，即"川"字纹。

④降眉间肌：是额肌的延续。起自鼻根部，止于眉间部皮肤。收缩时牵拉眉间部皮肤向下，产生鼻横纹。

⑤颧肌：位于颊肌浅层和皮肤之间，呈长薄片状。它以薄腱起于颧骨外侧面，向前止于口角。

⑥颊肌：位于颊部深层，为一薄而扁平的长方形肌肉，虽然将其归入表情肌，但是其功能主要与咀嚼相关。

⑦笑肌：由少数横行肌束构成。部分起自腮腺咬肌筋膜，部分起自鼻唇沟附近皮肤，肌束向内侧，集中于口角，止于口角皮肤。收缩时牵拉口角向外侧活动，显示微笑面容。

⑧口轮匝肌：口轮匝肌是口周围肌群中的组成部分之一，是位于口唇内的环形肌，由围绕口裂数层不同方向的肌纤维组成。其主要作用是闭唇，并参与咀嚼、发音等。

⑨下唇方肌：位于下唇下方，颏隆凸的上方。其与颏隆凸共同形成"颏唇沟"的结构特征。下唇方肌在收缩时会使下唇下降，鼻唇沟拉长。一般哭、憎恨等表情会使此肌产生紧张。

（2）咀嚼肌 咀嚼肌是运动颞下颌关节的肌肉，包括颞肌、咬肌等。

①颞肌：起自颞窝，肌束呈扇形向下会聚，经颧弓深面，止于下颌骨的冠突。

②咬肌：长方形，起自颧弓，止于下颌角咬肌粗隆。

（3）颈肌

①颈阔肌：位于颈前外侧部两侧浅筋膜中，为扁阔的皮肌，收缩时可降口角，并使颈部皮肤出现褶皱。

②胸锁乳突肌：胸锁乳突肌分别起自胸骨柄和锁骨内侧端，两头会合后，斜向后上，止于颞骨乳突。胸锁乳突肌的作用是：一侧收缩使头偏向同侧，面转向对侧；两侧同时收缩，使头后仰。

（4）背肌

①斜方肌：位于颈部和背上部浅层，为呈三角形的扁肌，两侧合在一起呈斜方形。起自枕外隆凸、项韧带和全部胸椎棘突，肌束向外集中，止于锁骨、肩峰和肩胛冈。上部肌束可上提肩胛骨；下部肌束可使肩胛骨下降。当肩胛骨固定时，两侧斜方肌收缩可使头后仰；一侧收缩，使颈向同侧屈，面转向对侧。

②背阔肌：位于背下部及胸部后外侧，为全身最大的扁肌。背阔肌收缩时使臂内收、后伸及旋内；当上肢上举固定时，此肌收缩可引体向上。

（5）肩肌

三角肌：位于肩部，呈三角形。起自锁骨的外侧段、肩峰和肩胛冈，肌束逐渐向外下方集中，止于肱骨三角肌粗隆。肱骨上端由于三角肌的覆盖，使肩关节呈圆隆形。收缩时主要使肩关节外展。前部肌束收缩可使肩关节屈和旋内，后部肌束可使肩关节伸和旋外。

2. 颜面颈部肌肉分布图（图1-3）

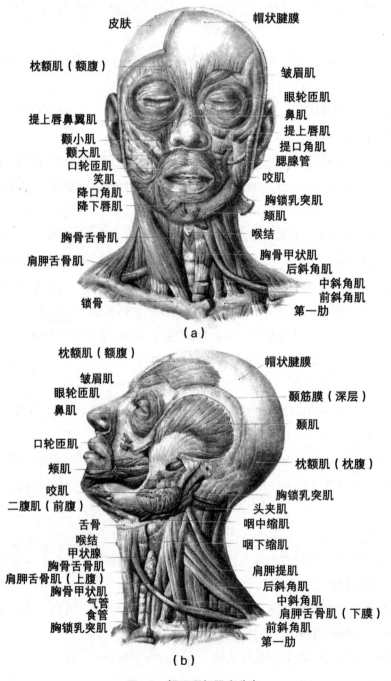

（a）

（b）

图1-3　颜面颈部肌肉分布

二、颜面颈部骨骼分布

1. 概述

（1）顶骨　顶骨是头骨之一，略呈扁方形，在头的顶部，左右各一块。

（2）枕骨　头颅骨的后部分。位于顶骨之后，并延伸至颅底。

（3）颞骨　位于颅骨两侧，并延至颅底，参与构成颅底和颅腔的侧部，形状不规则，以外耳门为中心可分为颞鳞、鼓部和岩部3部分，周围与顶骨、枕骨及蝶骨相接。

（4）颈椎骨　颈椎，指颈椎骨。颈椎位于头以下、胸椎以上的部位。颈椎共有七块颈椎骨组成。

（5）额骨　是颅前上部的一对膜化骨，组成颅骨的29块骨头之一。位于前额处，后上方紧接着顶骨，在人类头上联合成单个骨。

（6）泪骨　泪骨是一对薄薄的骨，其大小及形状像一手指甲。是脸部最小的骨。这些骨在鼻骨的后外侧壁，眼眶的内侧壁。泪腺窝内有泪囊位于其中。

（7）蝶骨　蝶骨，形如蝴蝶，位于前方的额骨、筛骨和后方的颞骨、枕骨之间的骨头。横向伸展于颅底部。

（8）鼻骨　鼻骨为成对的面颅骨，为两块长条形骨板，上厚下薄，上窄下宽，鼻骨间的结合上端紧密，下端则稍微分开，结合线与正中矢状线重合，鼻骨向上与额骨鼻部相连接，两侧与上颌骨额突相连，鼻骨下端在眶下缘水平向下与上侧鼻软骨、鼻中隔软骨相连。

（9）颧骨　颧骨是面颅骨之一，是人面部重要的部位，位于面中部前面，眼眶的外下方，菱形，形成面颊部的骨性突起。

（10）上颌骨　上颌骨居颜面中部，左右各一，互相连接构成中面部的支架。

（11）下颌骨　下颌骨分为体部及升支部，两侧体部在正中联合。

（12）乳突　或者叫做乳突骨，是头部两侧的颞骨上的锥形突起。乳突位于鼓室的后下方，为外耳门后方的骨性突起。

（13）下颌角　下颌角是下颌体与下颌升支相交处所形成的角状结构。下颌角处有咬肌的止点。咬肌的收缩使下颌骨上升，使上下牙齿咬合。

2. 颜面颈部骨骼分布图（图1-4）

三、重要体表标志

① 胸骨角：胸骨角两侧连接第2肋软骨。后方约平第4胸椎体下缘。

② 剑突：剑突的形状变化较大。剑胸结合平第9胸椎。

③ 锁骨：锁骨的全长可触及。锁骨下窝位于锁骨中、外1/3交界处的下方，其深方有腋血管和臂丛通过。在锁骨下窝的稍外侧和锁骨下方一横指处可摸到喙突。

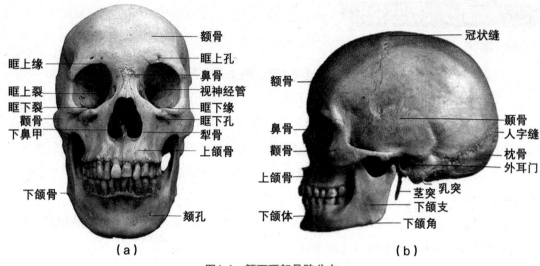

图1-4　颜面颈部骨骼分布

④眉弓：为眶上缘上方的弓状隆起，男性较显著。眉弓适对大脑额叶的下缘，其内侧半深面有额窦。

⑤眶上切迹或眶上孔：位于眶上缘的中、内1/3交界处，有眶上血管和神经通过。是额部手术进行局部麻醉的部位，也是额部出血时的压迫点。

⑥眶下孔：位于框下缘中点的下方约0.5~1cm处，眶下血管及神经由此穿出。此处可进行眶下神经阻滞麻醉。

⑦颏孔：位于下颌第二前磨牙或第二前磨牙与第一磨牙之间的下颌体上、下缘连线的中点，有颏神经和血管通过。

⑧颧弓：为耳屏前方横行的骨隆起，由颞骨的颧突和颧骨的颞突共同构成。颧弓上缘相当于大脑颞叶前端的下缘。

⑨乳突：位于耳垂后方，为颞骨向下的突起，其根部的前内侧有茎突孔，其后部的颅腔面有乙状窦沟。

⑩肩峰：肩部最高点为肩胛骨的肩峰，其外侧缘与后缘相交处称肩峰角，为测量上肢长度的起点。

⑪肩胛骨上角：当上肢处于解剖学姿势时，肩胛骨上角位于第2胸椎体高度。

⑫肩胛冈：由肩峰向后内可扪及肩胛冈的全长，内侧端平对第3胸椎棘突。

⑬肩胛骨下角：位于第7胸椎体高度，靠近第7肋下缘。

⑭尺骨头和茎突：腕部后内侧较大的圆隆突起为尺骨头，其内下方可扪及尺骨茎突。

⑮桡骨茎突：腕部外侧的骨突为桡骨茎突，它比尺骨茎突低约1cm，两者的关系在腕部损伤中有一定的诊断意义。

第二章
皮肤的分类及皮肤分析方法

教学要求

1. 了解皮肤检测的方法；皮肤分析的程序；常见皮肤问题的分析。

2. 了解制作、填写顾客资料登记表及皮肤护理方案的制定。

3. 掌握皮肤的分类，各类皮肤的基本特征，各类皮肤的分析方法并具备独立分析皮肤类型的能力。

4. 掌握不同类型专业皮肤的护理方法。

═══ 第一节 概述 ═══

皮肤分析，即通过美容师的肉眼观察或借助专业的皮肤检测仪器，对顾客皮肤厚薄、弹性光泽、温度、湿润度、纹理、皮脂分泌情况及毛孔的大小等进行综合分析、检测，从而对皮肤的类型、存在的问题做出较为准确的判断。

皮肤分析是通过观察、交谈和检测进行的，并通过填写顾客资料登记表来完成。

一、皮肤分析的重要性

准确的皮肤分析是制定正确护理方案和实施护理计划的基础。

通过观察和交谈了解顾客皮肤状况，分析皮肤类型及存在的问题，再配合检测仪器帮助确诊，同时了解顾客真正的心理需求。

通过皮肤分析，可以帮助顾客正确客观地认识自己的皮肤，进而接受服务；可以记录护理的成效及进展，体现个性化服务，增强顾客对美容院的信赖感及对美容护理的信心。

二、皮肤检测的方法

1. 观察法

利用眼睛的视觉，在充足的光线下，观察皮肤的类型、细腻度以及损容性症状等情况。例如：毛孔的大小、色斑的情况、暗疮的状况等都可以通过肉眼来观察。

2. 触摸法

指腹触摸法通过将手轻放于皮肤、在皮肤上轻轻滑动及手指的捏提、按压、轻推等手法进行皮肤含水量、弹性及细腻粗糙状态等的测试。

3. 询问法

询问顾客自觉皮肤状况、身体状况、日常皮肤护理方法以及生活规律、饮食习惯等。

4. 洗面观察法

洗面观察法是让被测试者清洁面部后，不使用任何护肤品，然后观察皮肤紧绷感消失需要的时间，以此来判断皮肤的类型（见表2-1）。

表2-1　洗面观察法

洗面后紧绷感消失的时间	对应的皮肤类型
20分钟左右	油性皮肤
30分钟左右	中性皮肤
40分钟左右	干性皮肤

5. 纸巾擦拭法

纸巾擦拭法是利用测试皮肤表面油脂分泌量来判断皮肤类型的一种方法。为了能够较准确地进行测试，纸巾擦拭法应在早晨起床后，清洁面部前，在额头、鼻翼、面颊各放一张吸油纸巾轻压，观察纸巾上出现的透明点的情况：透明点5点以上或这些透明点融合成片状的为油性皮肤；透明点2点以下且不融合的为干性皮肤；介于两者之间的为中性皮肤。

6. 仪器检查法

（1）放大镜灯检查法　放大镜灯检查法是使用皮肤放大镜灯观察皮肤的方法。皮肤放大镜灯上的灯光设备给观察皮肤提供了良好的光线，通过放大镜可以观察到皮肤的细微之处，如皮肤纹理及毛孔状况，使皮肤分析更加准确。这是在美容院中最常使用的一种分析皮肤的方法。操作方法是先进行表层清洁，然后在眼部盖上棉片，防止放大镜灯光损伤眼睛。打开放大镜灯的开关，待灯光稳定后再移到顾客面部上方，调整好观察角度进行观察。

（2）皮肤测试仪检查法　皮肤测试仪又叫紫外线皮肤测试仪或吴氏灯，主要用来判断皮肤的类型。皮肤测试仪由放大镜和紫外线灯管组成，是根据不同皮肤对紫外线吸收和反射的差异为原理制成的。

使用吴氏灯前，应先清洗面部，并用湿巾棉片遮住双眼，以防眼睛敏感。待皮肤紧绷感消失后在进行测试。

不同类型的皮肤在紫外线照射后会反射出不同的颜色，通过放大镜观察就能准确、直观地判断出皮肤的类型（见表2-2）。

表2-2　皮肤测试仪检查法

不同类型皮肤	吴氏灯下颜色反射
中性皮肤	呈现青白色
油性皮肤	呈现青黄色
干性皮肤	呈现青紫色
超干性皮肤	呈现深紫色
敏感皮肤	呈现紫色
皮脂部位	呈现橙黄色
化脓部位	呈现淡黄色
色素沉着部位	呈现褐色、暗褐色
表面老化角质	呈现悬浮的白色
化妆品的痕迹或灰尘	呈现面部出现的亮点

（3）便携式水分、油分检测仪　将检测仪直接靠近皮肤，检测皮肤的油分和水分的多少，以便更科学合理地判断皮肤的属性。

（4）微电脑皮肤检测仪　微电脑皮肤检测仪又称为光纤显微皮肤、毛发成像检测仪。通过光纤显微技术，采用新式的冷光设计，清晰的高效视像，透过彩色银幕，使顾客亲眼看见皮肤的情况。通过足够的放大倍数，可以直视皮肤基底层，微观放大，即时成像，并判定皮肤的性质以及瑕疵情况。

第二节　皮肤分析的基本程序

顾客第一次护理之前，一定要进行皮肤分析与检测。由于季节、饮食或身体状况的变化等因素，皮肤的情况也会产生变化，因此也可以在每次护理阶段进行简单的皮肤分析与检测，比如在一个护理疗程结束后，可以为顾客做一次皮肤分析与检测，以观察护理后的效果。

一、皮肤分析的程序

1. 询问

按美容院顾客资料登记表填写的内容，以咨询的方式让顾客自我介绍并做最基本的资料记录，为准确分析皮肤提供信息参数。

2. 用肉眼观察

对于未化妆的顾客，可直接用肉眼观察法直观判断皮肤大致情况。可用拇指和食指在局部做推、捏、按摩动作，仔细观察皮肤毛孔、弹性及组织情况或用手指掠过皮肤，感觉其粗糙、光滑、柔软或坚硬程度。注意，如果顾客化过妆，一定要先卸妆，彻底清洁面部皮肤后，再进行皮肤分析。

3. 借助专业仪器观察

用美容放大镜、美容透视灯、美容光纤显微检测仪等检测皮肤，可更加准确地判断皮肤状况。

4. 分析结果，制定护理方案

将分析结果记录在顾客资料登记表上，按检测结果正确制定合理的护理方案，并将分析结果及护理计划（包括家庭护理），及可能达到的效果和注意事项告诉顾客，增加其信心。

二、皮肤分析的注意事项

首先，无论顾客的皮肤是受到环境、季节、气候的影响，还是受健康状况因素的影响，进行皮肤分析都要以当时的皮肤状况为基准。

其次，护理目的是解决当时皮肤最需要解决的问题，因此，在判断皮肤类型时应根据皮肤问题所占的比重做出相应的判断。

最后超出美容范围的皮肤病不要擅自诊断，以免误诊。

这对于刚开始学习皮肤分析的美容师来说，可能难度较大，但只要在长期实践中不断学习和总结，经验会越来越丰富。

第三节　皮肤类型及常见皮肤问题分析

有的人皮肤看起来很细腻光滑，有的人脸上却容易长粉刺暗疮，虽然皮肤的构造都是一样的，但是每个人的皮肤又有自己的特点。要想使皮肤健康美丽就必须根据皮肤的特点进行有针对性的护理。关于皮肤的分类，通常按皮肤皮脂腺、汗腺的分泌情况来进行划分，将皮肤分为中性皮肤、干性皮肤、油性皮肤、混合性皮肤、敏感性皮肤五个基本类型。

一、皮肤类型分析

1. 中性皮肤

中性皮肤是健康理想的皮肤，是水油平衡的肌肤，在成年人中比较少见，多见于青春发育期前的少年儿童。

（1）状态　油分和水分含量适中。有足够的水分和皮脂，但皮脂分泌并不过剩，皮肤含水量为25%。

（2）中性皮肤的特点

① 既不干燥又不油腻，光滑、细腻、柔软、富有弹性、红润而有光泽，皮肤厚度适中。

② 皮脂膜功能健全，对外界的刺激不敏感、耐晒。

③ 放大镜观察：毛孔细小，纹理细腻（不粗不细）。

④ 中性皮肤化妆后不易脱妆。

⑤ 中性皮肤的良好状态也不是一成不变的。皮肤会受季节和健康状况的影响，夏季偏油，冬季偏干。

⑥ 皮肤的pH值在5～5.6之间。

⑦ 洁面后不擦任何化妆品，紧绷感在30分钟左右消失。

⑧ 吴氏灯下，则表现为青白色。

2. 干性皮肤

（1）状态　皮肤角质层的含水量低于10%，皮脂分泌量不足。

（2）干性皮肤的特点

① 皮肤干燥，缺水、缺油，皮肤薄，没有光泽，缺乏弹性及娇嫩感，面部常有细小皮屑、细小皱纹。

② 在放大镜下观察干性皮肤皮纹较细，毛孔细小不明显，常见细小皮屑，皮肤毛细血管和皱纹较明显。

③ 化妆时，化妆品不易展开，且妆面不易脱落。

④ 皮脂膜不健全，角质层较薄而且排列疏松，皮肤缺乏保护，很容易长出皱纹，在眼周、嘴周和颈部，经常会出现褶纹和细纹，容易老化，容易长斑，容易过敏，极少出现痤疮、粉刺等皮肤问题。

⑤ 干性皮肤通常比较脆弱，如果不小心护理就容易受到伤害和衰老。容易出现毛细血管扩张。

⑥ 皮肤的pH值在4.5~4.9之间。

⑦ 在吴氏灯下，则表现为青紫色。

（3）分类

干性皮肤因其形成原因不同又可分为缺油性干性皮肤和缺水性干性皮肤。

① 缺油干性皮肤。导致皮肤表面皮脂缺乏的主要原因有以下几点。

　　a. 皮脂腺功能障碍，有先天性皮脂腺活动力弱及后天性皮脂腺和汗腺功能衰退，维生素A缺乏症等。

　　b. 洁面用品碱性过大及洗澡次数过多。

　　c. 烈日曝晒，寒风吹袭等。

　　d. 皮肤不当护理。

此类皮肤干燥，缺乏光泽，无弹性，皮纹细，毛孔小，皱纹明显，有粉状皮屑。

② 缺水干性皮肤。皮肤干燥缺水的常见原因有以下几点。

　　a. 汗腺功能障碍。

　　b. 脱水。

　　c. 自然环境恶劣。

　　d. 长期居住在有暖气及空调的房间。

　　e. 化妆品使用不当。

此类皮肤干燥，缺乏弹性并且松弛，皮纹细，毛孔小，有皱纹，皮肤粗糙。

3. 油性皮肤

处于青春期的人，由于内分泌激素的影响，皮肤皮脂分泌量增加，多为油性皮肤。男性中油性皮肤的人比例较大。

（1）状态　皮脂分泌旺盛，皮肤水分充足。

（2）油性皮肤的特点

① 表面油腻发亮，毛孔粗大，皮肤较厚，纹理较粗。

② 在放大镜下观看这种皮肤，这种皮肤看上去呈现厚厚的颗粒状的结构。

③ 附着力差，化妆后易掉妆。

④ 容易出现毛孔阻塞，如果日常清洁不彻底就容易长粉刺、暗疮。油性皮肤比较耐老化。

⑤ 皮肤的pH值为5.7～6.5。

⑥ 在吴氏灯下，则表现为青黄色。

（3）分类

根据油性皮肤皮脂分泌量和油性皮肤的水分含量的不同，油性皮肤又可以分为以下几种类型。

① 普通油性皮肤：具有油性皮肤的所有特征。

② 超油性皮肤：以油脂特旺、油腻垢浊为突出特征。

③ 缺水性油性皮肤：除了皮肤表面泛油光，毛孔粗大，易生粉刺、暗疮外，由于缺乏水分，皮肤紧绷，容易产生细纹或脱皮现象，如果护理不当还容易出现敏感情况。

4. 混合性皮肤

混合性皮肤是最常见的皮肤类型，在成年人中的比例达到70%～80%。

（1）混合性皮肤的特点

一个人面部皮肤有两种或两种以上的皮肤类型，通常"T"区（额部、鼻部、口周）为油性皮肤，面颊为干性或中性皮肤。

（2）分类

混合性皮肤又可细分为混合偏干性、混合偏油性和典型混合性三种。

① 混合偏干性皮肤：此类皮肤多数部位呈现干性，只有眉间或鼻中心区少数部位呈现油性。

② 混合偏油性皮肤：此类皮肤多数部位呈现油性，只有眼部、眼后区或额上部、两颊后侧少数部位呈现干性或中性。

③ 典型混合性皮肤：此类皮肤T区为油性，面颊为干性或中性皮肤。

5. 敏感性皮肤

（1）敏感性皮肤的特点

① 皮肤较薄、干燥、毛细血管表浅。有时可见红斑、脱屑甚至红肿等现象。

② 皮肤对外界刺激的适应性差，如冷热变化、刮风、日晒等，会出现发痒、脱皮、起皮疹等现象。

③ 中性皮肤、干性皮肤、油性皮肤都可能成为敏感性皮肤，但多见于干性皮肤。此类皮肤在正常情况下呈现皮肤本身的特征，一旦过敏，皮肤外观毛孔粗大、纹理粗糙、红肿

发痒，多有丘疹分布。

（2）敏感性皮肤和过敏性皮肤的区别

①敏感性皮肤：指对外界刺激（日晒、冷、热、粉尘、油漆、化妆品等）的抵抗力弱的皮肤，当遇到外界刺激时，极易产生泛红、紧绷、瘙痒、脱屑，甚至起皱纹的现象。通常情况下皮肤较干，生理机能较弱，导致皮肤保水力不佳，皮脂膜形成不良。

②过敏性皮肤：此类皮肤当机体被致敏物质刺激后，产生一种病理性的免疫反应。表现为红疹、发痒、肿胀、起水泡等症状。导致皮肤过敏的致敏源很多，主要有花粉、香精及金属物质等。

二、各类型皮肤的分析方法

1. 中性皮肤的分析方法

（1）观察法

①观察皮肤的油脂分泌情况和水分含量：中性皮肤是处于水油平衡状态的肌肤，具有足够的水分和皮脂，但皮脂分泌并不过剩，因此，皮肤的外观有光泽，同时又不会出现油腻的情况，也很少出现由于缺水所引起的细纹和皮屑等情况。

②观察皮肤的纹理：由于皮脂分泌和水分充足，皮肤能够得到很好的滋润，皮脂分泌量并不过剩，毛孔细小，因此皮肤的纹理细腻。

③观察皮肤的弹性：由于真皮基质含水量充足，皮肤外观饱满富有弹性。

（2）触摸法

美容师用洁净的双手触摸顾客皮肤，能够判断皮肤的滋润度和弹性。

①将手指轻放于面部，可感受到皮肤的水分充足，轻轻在皮肤上滑动，感觉皮肤柔软细腻。

②用手指提捏皮肤，感觉皮肤紧致，被捏起的皮肤能够很快复原，说明皮肤的弹性良好。

（3）仪器检查法

①放大镜灯观察法。在进行了表层清洁后，通过放大镜灯可以观察到中性皮肤纹理细腻，表面饱满而光滑，毛孔细小。

②吴氏灯观察法。使用吴氏灯观察中性皮肤，在灯光下皮肤呈现青白色。

2. 干性皮肤的分析方法

（1）观察法

①观察皮肤的油脂分泌情况和水分含量：由于皮脂分泌量少，角质层排列疏松，皮肤水分难以保持，因此皮肤的外观没有光泽，常有由于缺水而引起的细纹、皱纹和皮屑等情况。

② 观察皮肤的毛孔：由于皮脂分泌不足，干性皮肤毛孔会细小。

③ 观察弹性：由于真皮基质含水量较低，皮肤外观不饱满缺乏弹性，因此容易衰老。

④ 观察皮肤表面毛细血管扩张情况。

（2）触摸法

美容师用洁净的双手触摸顾客皮肤，能够判断皮肤的滋润度和弹性。

① 将手指轻放于面部，可感受到干性皮肤表面干涩，缺乏水分。

② 用手指提捏皮肤，感觉皮肤不够紧致，被捏起的皮肤复原较慢，皮肤的弹性欠佳。

（3）询问法

美容师通过询问，了解顾客是否有以下情况。

① 夏天是否有皮肤油腻感。帮助判断皮肤类型，由于干性皮肤的皮脂分泌量低，即便在夏天也没有油腻的感觉。

② 洁面后多少分钟以后紧绷感消失。皮肤的水分含量低，皮肤常会有紧绷感，尤其是在洗完脸之后，而且这种紧绷感40分钟后才会慢慢消失。

（4）仪器检查法

① 放大镜灯观察法。在进行了表层清洁后，通过放大镜灯可以观察到干性皮肤表面纹理细腻，毛孔细小，有细纹或者皱纹，缺水较严重时可观测到皮屑。

② 吴氏灯观察法。使用吴氏灯观察干性皮肤，在灯光下皮肤呈现青紫色，特别干燥的皮肤呈深紫色。

3. 油性皮肤的分析方法

（1）观察法

① 观察皮肤的油脂分泌情况和水分含量：油性皮肤皮脂分泌旺盛，因此，皮肤表现油亮，皮肤水分得以很好地保持；而缺水性油性皮肤，虽然皮肤表面油亮，但仔细观察能够发现皮肤上有缺水引起的细纹或者皮屑。

② 观察皮肤的毛孔：皮肤毛孔粗大，有粉刺，暗疮。

③ 观察弹性：皮肤外观饱满，富有弹性，不容易衰老。

（2）触摸法

美容师用洁净的双手触摸顾客皮肤，能够判断皮肤的滋润度和弹性。

① 将手指轻放于面部，可感受到油性皮肤表面滑腻，水分充足。

② 用手指提捏皮肤，感觉皮肤紧致，被捏起的皮肤能够很快复原，皮肤的弹性良好。

③ 缺水性油性皮肤，除了可以触摸到皮肤的油腻感以外，还能够感到皮屑，皮肤粗糙。

（3）询问法

① 由于油性皮肤的皮脂分泌量高，自觉皮肤黏腻，无紧绷感。

② 缺水性油性皮肤自觉皮肤黏腻，但却时常有紧绷感，受到刺激有敏感情况出现。

（4）仪器检查法

① 放大镜灯观察法

在进行了表层清洁后，通过放大镜灯可以观察到油性皮肤纹理较粗糙、毛孔粗大、有粉刺。缺水性油性皮肤还可见细纹或皮屑。

② 吴氏灯观察法

使用吴氏灯观察油性皮肤，在灯光下皮肤呈现青黄色，皮脂分泌旺盛的部位呈橙黄色。

4. 混合性皮肤的分析方法

根据干性、中性、油性皮肤的分析判断方法，分区域进行皮肤的分析判断即可。

5. 敏感性皮肤的分析方法

因为敏感性皮肤多为干性皮肤，所以敏感性皮肤的分析诊断方法以干性皮肤的分析诊断方法为依据，并结合对顾客的询问即可诊断。

三、常见皮肤问题的分析

1. 常见皮肤问题的分析

自觉症状：是指顾客主观感觉到的症状，主要包括痒、痛、灼热等感觉。

他觉症状：是指能看到或摸到的皮肤或黏膜损害，通称为皮疹或皮损。

皮疹可分为原发疹（第一级损害）和继发疹（第二级损害）。原发疹即损害初发时的皮损；继发疹则是由原发疹演变而来的损害。

（1）原发疹

① 斑疹。即皮肤表面的变色小点，不凸起也不凹陷，如雀斑、黄褐斑、瘀斑等。

② 丘疹。即高出皮肤可以触摸到的隆起，一般直径大小小于0.5cm，如痤疮。丘疹可转化为水疱、脓包，也可完全吸收而消失，不留痕迹。根据其形态、大小、颜色、分布情况，大多数可做出判断。

③ 水疱。为高出皮肤表面的含有液体的疱。可位于表皮层、表皮下或真皮下部，小如针头，大的直径不超过1cm。水疱破后会形成糜烂面，疱可自行吸收，干涸后形成鳞屑，愈后不留瘢痕。

④ 脓包。为高出皮肤表面的含有脓液的包。可由丘疹或水疱转化而成，其内含物浑浊或呈黄色。周围常有红晕，一般为针头至黄豆大小，脓包可干燥成痂，也可破裂呈糜烂面。位于表皮的脓包愈后不留瘢痕，如进入真皮可形成溃疡，愈后有瘢痕形成。

⑤ 结节。为位于真皮或皮下组织的块状皮损，也可能凸出皮肤表面，大小不一，颜色、硬度、形态各异。

⑥ 囊肿。即含有液体或黏稠分泌物及细胞成分的囊状损害，多发生在真皮或皮下组

织，大小不一，呈圆形或椭圆形，触之有弹性感。

⑦ 风团。为真皮浅层急性水肿引起的隆起性皮损，大小、形态不一，发生急骤，消退迅速，一般数小时可退，不留任何痕迹。发作时常有剧痒，可呈红色或苍白色，周围有红晕，如麻疹或虫咬症状。

⑧ 肿瘤。皮肤或皮下组织的新生物。小如绿豆，大如鸡蛋或更大，呈圆形、椭圆形或不规则形，或软或硬。一般呈皮肤色，如有炎症则呈红色，有色素细胞增生则为黑色，持久存在或逐渐增大，会出现破溃形成溃疡，很少自行消失。

（2）继发疹

① 磷屑。主要是角质层大量脱落的上皮碎屑，如不正常或过多的头皮屑等。

② 痂。是指皮损处的浆液、血液或脓液干涸后形成的浆痂、血痂或脓痂。

③ 糜烂。是指表皮或黏膜上皮的缺损。表面潮红，湿润，有渗出。在水包或脓包等破溃后，失去表皮即形成糜烂，愈后不留瘢痕。

④ 溃疡。是真皮的皮肤或黏膜缺损。其大小，形态不一，愈后留有瘢痕。

⑤ 抓痕。是搔抓引起的线状或点状表皮或部分真皮的损伤。可引起出血，形成血痂，愈后一般不留瘢痕。

⑥ 皲裂。是深达真皮的条形皮肤裂隙。通常由皮损或外伤造成，多见于皮肤活动多的部位，多发于干燥季节。

⑦ 瘢痕。是指真皮以下的组织损伤，被新生的结缔组织修复所形成的组织。瘢痕没有正常的皮肤纹理和附属器，所以它没有弹性、皮沟、毛发，也不会出汗。

⑧ 萎缩。皮肤萎缩多见于表皮、真皮或皮下组织，是由于皮肤老化形成表皮细胞层数变薄而出现的萎缩现象。

⑨ 苔藓样变。是由角质形成细胞，特别是棘细胞层和角质层增殖引起的皮肤增厚。表现为皮沟变深、粗糙，常伴有干燥、色素沉着。多见于慢性瘙痒皮肤病。

⑩ 浸渍。是指皮肤长时间浸在水中，角质层吸水过多后出现变白、变软和肿胀现象。

2. 不同种族人的皮肤特点及易出现的问题

① 白种人：由于浅色皮肤的黑色素水平较低，因此，白种人的皮肤相对而言更容易晒黑，从而导致过早老化。

② 黑种人：黑种人的皮肤汗腺和皮脂腺都比较发达，因此，常被误认为黑种人的皮肤都是油性，其实，黑色皮肤酸性较强，更容易脱水和干燥。黑色皮肤最常见的问题还包括表面角质层增厚，容易形成瘢痕、疙瘩等，因此，在为黑人进行审查皮肤护理时需格外小心。虽然黑色皮肤与白色皮肤所含有的黑色素细胞的数量相等，但是在黑色皮肤内，色素体自身分泌的黑色素比白色皮肤多得多，这给黑色皮肤提供了更好的保护，不易被紫外线灼伤而导致过早老化，但仍然会以大斑点的形式表现出色素沉着。另外，黑色皮肤也容易

发炎、出现红斑，只不过斑表现为蓝色或紫色。

③黄种人：相对白种人来说，亚洲人的皮肤因其弹性蛋白的特性和结缔组织的紧缩，要很晚才会表现出老化迹象。但黄色皮肤却是最容易产生敏感的皮肤，尤其是容易因使用α-羟基酸（AHA）和β-羟基酸（BHA）后引发炎症。而使用高浓度的AHA和BHA等果酸类及其他刺激性物质，黄色皮肤往往容易出现色素沉着。另外，黄种人皮肤在受到损伤后，也比较容易出现瘢痕、疙瘩。

3. 皮疹的检测

（1）肉眼检测时的注意点

①部位：应正确描述。

②分布：有全身性、局限性、对称性、单侧性和密集、分散、不规则等。

③数目：有单个、少数、多数。

④大小：以实物类比表达，如针头、绿豆、钱币、手掌等，但最好用标尺测量。

⑤颜色：有淡红、鲜红、红色、紫红、暗红、黄色、橙黄、白色、淡白、褐色等。

⑥形状：有圆形、椭圆形、球形、半球形、梭形、蝶形、多角形、点状、滴状、地图状、条状、带状、网状等。

⑦边缘：边缘或界限是清楚、模糊、规则、不规则、隆起等。

⑧表面：有凸起、凹陷、干燥、湿润、光滑、粗糙、鳞屑、痂、糜烂、分泌物、脐窝、疣状、乳头状、菜花状、蜡样光滑等。

⑨硬度：有坚硬、柔软等。

⑩基底：有宽、窄、蒂状、粘连等。

⑪感觉：有减退、消失、过敏等，水疱内容的颜色及稀稠，疱壁的厚薄，挤压时水疱是否易破或向外移动。

（2）手指检测时的注意点

美容师用手指触摸皮疹时应注意皮疹是坚实还是柔软，皮疹的深浅与周围组织有无粘连，局部温度是否升高、降低或正常，淋巴结是否肿大及有无压痛感，皮肤的弹性是否正常、松弛或发硬，出汗是否正常，皮脂增多还是减少等。

第四节 制作、填写美容院顾客资料登记表

一、顾客资料登记表的主要内容

填写美容院顾客资料登记表是美容接待服务工作中非常重要的环节，也是开展专业护理的第一步，为日后护理服务提供重要依据。美容院通过登记表所建立的翔实、可靠的顾

客资料库是美容院宝贵的无形资产。因此，精心设计、制作一份内容全面且合理的登记表尤为重要。

美容院的顾客登记表应该全面地反映顾客个人皮肤情况，包括美容、皮肤情况、皮肤结果、护肤及饮食习惯、健康状况、护理方案、效果分析、顾客意见等。记录的内容可为美容师正确地分析皮肤，选择适当、正确的护理方案，提供准确、详尽的信息。

1. 顾客的个人情况

顾客姓名、年龄、职业、文化程度、家庭住址、联系电话等。

2. 皮肤状况记录

对顾客皮肤的现状做一个详细的调查记录，了解皮肤种类，是否有缺水、过早老化、痤疮、色素沉着及敏感问题等。

3. 既往美容护理情况

指以往的护肤历史，包括是否在美容院做过护理，护理的类型及效果，使用产品的种类及使用后的效果等。

4. 顾客护肤及日常饮食习惯

了解顾客的日常护肤及饮食习惯，如日常护理是否得当，是否正在节食。因为这两个方面与皮肤健康状况和改善程度有直接关系。

5. 健康情况

包括顾客的体重是否正常，有无患病史，是否服药，是否戴有"心脏起搏器"等。

6. 护理方案

为顾客设计具体合理的护理方案及护理疗程，包括仪器的选择、手法的运用、护肤品的选用等。护理方案如有改变，应该记录改变护理方式的日期、原因及功效。

7. 护理记录或效果分析

对每一次或每一阶段的效果做记录。

8. 备注或顾客意见

指顾客对护理疗效、产品、服务、管理等方面的意见和建议（为了掌握顾客信息来源信息，可在备注栏里注明顾客是由别人介绍还是通过阅读广告而来）。

二、填写顾客资料登记表的要求

美容师在填写顾客资料登记表时应遵循以下要求：

① 对于初次填表的顾客要进行皮肤测试，登记皮肤类型及出现的问题，并有针对地推荐产品、制定相关护理程序。对于老顾客要观察皮肤的改善情况，提出相关建议。

② 向顾客讲清楚填写此表的目的，以取得顾客的积极配合。

③ 填写字迹要清晰，不可随意涂改。

④ 填写内容要及时、真实、准确、翔实，对每次护理情况都要认真记录。

⑤ 顾客资料登记表的姓名应按一定顺序编辑，通常是按制表时间顺序排列。用阿拉伯数字编号，便于记忆，也可按姓氏笔画、汉语拼音或皮肤情况编号。登记表可装订成册，也可输入计算机。

⑥ 顾客资料登记表应由专业人士管理，以防遗失。

⑦ 填写顾客资料登记表时应尊重顾客意愿，切忌强制记录。

⑧ 应为顾客保密，如顾客的年龄、住址或美容消费项目、消费金额等都属于保密范畴，不可随意让人翻看。

三、美容院顾客资料登记表的制作填写范例（见表2-3）

表2-3　美容院顾客资料登记表

编号：_____　　建卡日期：_____

顾客姓名：_____　　性别：_____　　年龄：_____

生育情况：_____　　体重：_____　　文化程度：_____

职业：_____　　电话：_____

住址：_____

1. 皮肤类型

□中性皮肤　　　　□干性皮肤　　　　□油性皮肤

□混合性皮肤　　　□问题性皮肤　　　□敏感性皮肤

2. 皮肤吸收状况

冬天　　□差　　□良好　　□相当好

夏天　　□差　　□良好　　□相当好

3. 皮肤状况

① 皮肤含水量　□较好　　　　□正常　　　　□较低　　　□干燥　　　□脱屑

② 皮脂分泌　　□不足　　　　□适中　　　　□多

③ 角质层状态　□较薄　　　　□正常　　　　□较厚

④ 皮肤质地　　□光滑　　　　□较粗糙　　　□粗糙　　　□极粗糙

　　　　　　　□与实际年龄成正比　□比实际年龄显老　　□比实际年龄显小

⑤ 毛孔大小　　□极细　　　　□细　　　　　□较明显　　　　□很明显

⑥ 皮肤弹性　　□差　　　　　□一般　　　　□良好

⑦ 肤色　　　　□红润　　　　□一般　　　　□差

　　　　　　　□偏黑　　　　□偏黄　　　　□苍白，无血色　　□较晦暗

⑧ 眼部	□结实紧绷	□略松弛	□松弛
	□轻度鱼尾纹	□深度鱼尾纹	
	□轻度黑眼圈	□重度黑眼圈	
	□暂时性眼袋	□永久性眼袋	
	□浮肿	□脂肪粒	□眼疲劳

⑨ 唇部　□干燥，脱皮　□无血色　□肿胀　□皲裂
　　　　□唇纹较明显　□唇纹很明显

⑩ 颈部肌肉　□结实　□有皱纹　□松弛

4. 皮肤问题

□色斑　□痤疮　□老化　□敏感　□过敏　□毛细血管扩张　□日晒伤
□瘢痕　□风团　□红斑　□瘀斑　□水泡　□抓痕　□萎缩
其他_____

① 色斑分布　□额头　□脸颊　□鼻翼

② 色斑类型　□黄褐斑　□雀斑　□晒伤斑
　　　　　　□瑞尔黑变病　□炎症后色素沉着
　　　　　　其他_____

③ 皱纹分布　□鼻根部　□外眼角　□内眼角　□唇角
　　　　　　□额头　□全脸　□无

④ 皱纹深浅　□浅　□较浅　□深　□较深

⑤ 皮肤敏感反应症状
　　　　　　□发痒　□发红　□灼热　□皮疹

⑥ 痤疮类型　□白头粉刺　□黑头粉刺　□丘疹　□脓疱
　　　　　　□结节　□囊肿　□疤痕

⑦ 痤疮分布区域
　　　　　　□额头　□鼻翼　□唇周
　　　　　　□下颌　□两颊　□全脸

5. 皮肤疾病

　　　　　　□无　□太田痣　□疖　□癣
　　　　　　□扁平疣　□寻常疣　□单纯疱疹　□带状疱疹
　　　　　　□毛囊炎　□接触性皮炎　□化妆品皮肤病
　　　　　　□其他_____

6. 护肤习惯

① 常用护肤品　□化妆水　□乳液　□营养霜　□眼霜

续表

	□精华素	□美白霜	□防晒霜	□颈霜
	其他_____			
② 常用洁肤品	□卸妆液/乳	□洗面奶	□香皂	□深层清洁霜
	其他_____			
③ 洁肤次数/天	□2次	□3次	□4次	
	其他_____			
④ 常用化妆品	□唇膏	□粉底液	□粉饼	□遮瑕膏
	□腮红	□眼影	□睫毛膏	□无
	其他_____			

7. 饮食习惯

□肉类	□蔬菜	□水果	□茶
□咖啡	□油炸食物	□辛辣食物	
其他_____			

8. 健康状况

① 是否怀孕　　　　　　　　□是　　　　□否

② 是否生育　　　　　　　　□是　　　　□否

③ 是否服用避孕药　　　　　□是　　　　□否

④ 是否戴隐形眼镜　　　　　□是　　　　□否

⑤ 是否进行过手术治疗　　　□是　　　　□否

⑥ 易对哪些药物过敏_____

⑦ 生理周期　　　□正常　　　　□不正常

⑧ 有无以下病史

□心脏病	□高血压	□妇科疾病	□哮喘
□肝炎	□体内金属植入	□湿疹	□癫痫
□免疫系统疾病	□皮肤疾病	□肾疾病	

其他_____

═══ 第五节 面部皮肤护理方案的制定 ═══

一、制定面部皮肤护理方案的基本格式

1. 制定面部皮肤护理方案的目的

面部皮肤护理方案一般是美容师根据皮肤分析检测结果而制定的护理执行方案。其目的有以下几点。

① 能够对不同类型的皮肤及皮肤问题进行有针对性的护理，做到有的放矢。

② 通过面部皮肤护理方案中的专业记录，可以帮助美容师为顾客制定系统的护理计划。

③ 面部皮肤护理方案是护理美容师实施操作的重要依据。

2. 面部皮肤护理方案参照格式

各美容院、美容中心制定的面部皮肤护理方案不一定统一，可以根据本单位的实际条件、具体情况进行设计和制作。但无论其形式如何，都应包含以下内容并发挥相应的功能。

① 根据皮肤分析检测结果，护理过程应分为几个主要疗程，其不同疗程的护理各有重点。

② 每一疗程的护理步骤、产品（包括护肤品的种类及品牌）、工具、仪器、护理方法及操作说明。

③ 根据顾客的皮肤情况，为顾客制定家庭护理计划，提出日常护理的基本要求和建议。

面部皮肤护理计划参照表2-4格式。

表2-4 面部皮肤护理计划

编号：		日期： 姓名：
疗程	用时（周数）	重点解决的皮肤问题
第一疗程		
第二疗程		
第三疗程		

二、制定面部皮肤护理方案的注意事项

① 制定面部皮肤护理方案时，切忌生搬硬套，应根据顾客的特点进行个性化设计，尤其是对于问题性皮肤，应在面部皮肤基础护理程序的基础上做相应的调整。比如给敏感性皮肤顾客设计护理方案时，如果顾客正处于急性过敏期，必须省去去角质这一步骤。

② 设计护理流程时，应注意操作步骤的合理性和科学性，操作方法应正确、规范，对于较为复杂的综合性问题皮肤应格外慎重，可提交更高级别的美容师进行处理。

③ 填写字迹要清晰，不可随意涂改。

④ 用语简洁，表达准确，尽量使用美容专业术语，最好避免使用大概、左右等模糊词或容易引起歧义的语言。

⑤ 护理方案应一式两份，一份交给护理美容师按方案进行操作，一份留底归档保存。家庭护理计划可单独打印出来，交给顾客带回家。

⑥ 皮肤会随着环境、气候、季节及顾客健康状况的改变而变化，因此护理方案应根据这些情况的变化做相应的调整。

面部皮肤护理实施方案见表2-5。

表2-5　面部皮肤护理实施方案

编号：		日期：	姓名：
步骤	产品	工具、仪器	操作说明
家庭护理计划	日间护理		
	晚间护理		
	每周护理		
	保养建议		

第六节　一般类型皮肤护理

一、中性皮肤护理

1. 中性皮肤的护理重点

中性皮肤是理想的、近乎完美的皮肤类型，护理的目标就是要保持皮肤健康的状态，预防皮肤的衰老。

（1）保养重点

每天注意洁肤、爽肤、润肤。依据季节、年龄选择护肤品，夏季选水包油型的清爽乳液，冬季选油脂多的面霜。有条件的一周做一次美容院专业皮肤护理，同时注意均衡的饮食和充足的睡眠。

（2）根据季节、皮肤的情况针对性护理

① 春季：预防皮肤过敏，选择性质温和的化妆品保护皮肤。中性皮肤虽然对外界刺激

并不敏感，但不意味着中性皮肤就不会出现过敏的情况。每个人的致敏因素不同，尤其在春季或换季等过敏疾病高发的时期，中性皮肤受致敏因素的影响也可能出现过敏情况。保持皮肤滋润度，让皮肤对外界刺激有良好的抵抗力，慎重进行功效型护理，如祛斑、嫩肤等。因为功效性的护理所使用的产品或者方法对皮肤刺激性都比较大，例如很多的祛斑产品因含有果酸等表面剥脱剂，让角质层变薄，皮肤缺乏角质层保护变得容易干燥和敏感，应减少去角质的频率，避免皮肤抵抗力下降。

②夏季：注意皮肤的清洁和防晒。中性皮肤夏季偏油，皮质分泌较旺盛，夏季时应该注意皮肤清洁。可以选择清洁力度较好的洁面产品，清洁完皮肤后仍然要注意给皮肤适度的滋润保护，可以选择乳液或者润肤啫喱。夏季紫外线照射强烈，暴晒是导致皮肤癌和皮肤衰老的因素之一，研究表明，90%的皱纹源于过多的暴晒，而仅有10%的皱纹源于自然衰老，因此，做好防晒工作至关重要。

③秋季：秋季气候干燥，中性皮肤在这个季节应该特别注意水分的补充。多使用补水的面膜，如软膜、啫喱面膜、湿布面膜等。应多吃红枣、银耳、梨等滋阴润燥的食物和蛋白质丰富的食物。此外，经过一个夏季肤色会变深，在秋季和冬季的时候紫外线会逐渐转弱，此时可以开始进行美白护理，让皮肤恢复白皙。

④冬季：冬季气候干燥寒冷，皮肤干燥、光泽度较差，此时可以给皮肤进行营养滋润。涂抹补水的精华素、营养丰富的面霜，还可以定期使用膏状面膜、软膜等补水滋润的面膜。

2. 中性皮肤的专业护理程序

中性皮肤的美容院护理，可根据不同季节皮肤的状况选择护理品和仪器，按照标准面部护理程序进行护理即可。

二、干性皮肤护理

1. 干性皮肤的形成原因

引起皮肤干燥的原因很多，主要有以下几种。

①遗传：天生汗腺、皮脂腺功能差。

②衰老：多见于35岁以后的老年人，年龄增长，人体衰老，皮脂腺、汗腺功能衰退，分泌能力降低，导致皮肤干燥。

③饮食不当：营养不良，脂类食物摄取不足，饮水不足；维生素A缺乏，毛囊角质化，汗管狭窄，导致皮脂汗液排泄不通畅。

④护理不当：使用清洁力度强的洁面产品，如常用碱性大的香皂洗脸或者洗脸过于频繁都会导致皮肤干燥；去角质过于频繁破坏角质层结构，导致屏障功能下降、水分流失、皮肤干燥；护肤品选择不当。

⑤自由基的影响：自由基会对细胞的结构造成损害，导致皮肤的功能紊乱，皮脂腺、汗腺分泌能力降低，造成皮肤干燥衰老的现象，紫外线、吸烟、疲劳、烟熏油炸食品等因素都会产生自由基。

⑥空气干燥：干燥的气候或长期处于暖气房或空调房中干燥的空气使皮肤水分丧失加快，导致皮肤干燥，风吹日晒也可引起皮肤缺水。

⑦情绪压力、过度疲劳：情绪的压力会引起内分泌的紊乱，引起皮肤干燥。

2. 干性皮肤的护理重点

干性皮肤的护理重点是在提高皮肤角质层含水量的同时，使皮肤滋润柔软，延缓皱纹的出现，预防皮肤衰老的过早出现。

①清洁方面：选用温和的洁面乳，勿除去过多的油脂，最好用冷水洁面。

②正确选择护肤品：补充水分和油分，使用营养丰富、油分充足、成分自然的产品护理皮肤，修复皮肤的皮脂保护膜。

③美容院护理：定期进行美容院护理，给皮肤补充深层营养，集中改善皮肤干燥、缺水、无光泽的情况，尤其是秋冬季节。

④做好防护，预防皮肤敏感：给予皮肤良好的滋润，修复皮脂膜，避免过度按摩、过度去角质或对皮肤疏于保护，以此提高皮肤的抵抗力，减少过敏的发生。尤其在春季或换季时期，应该选择温和而滋润的护肤品，尽量减少对皮肤的刺激。

⑤防晒：由于干性皮肤较为脆弱，容易受到紫外线的伤害，导致皮肤衰老和色斑的产生，因此注意防晒显得尤为重要。

⑥生活规律：起居规律，避免过度疲劳、过度紧张。

⑦平衡饮食：平衡膳食，防止营养素摄入不均衡。

3. 干性皮肤的专业护理程序

①面部清洁：选用弱碱性的洗面乳，避免破坏自身的皮脂膜，洗面的力度要轻柔，在面部做打圈动作。

②喷雾：可选择热喷喷雾，时间控制在8~10分钟，避免时间过长产生皮肤脱水的现象，喷雾距离35厘米左右，由于干性皮肤较敏感，不宜进行奥桑喷雾，也可选择冷喷。

③去角质：选择柔和的去死皮膏或去角质啫喱进行去角质处理，操作时动作要轻柔，时间控制在3分钟内，避开眼部娇嫩的皮肤，每次护理间隔3~4周，干性皮肤一般不需要真空吸啜护理。

④面部按摩：选用保湿滋润的按摩膏或植物油、精华素等介质，进行面部、眼部和颈部的按摩，手法以安抚和穴位揉按为主，通过刺激血液循环和促进腺体的分泌，达到营养滋润的效果，按摩的时间视情况控制在20分钟以内。

⑤面膜：面膜的选择以补充水分和保湿性强的面膜为主，如软膜、海藻面膜、巴拿芬

蜡膜、骨胶原面膜等。

⑥ 爽肤：爽肤水应选择保湿性的柔肤水，在补充水分的同时既可柔软角质。

⑦ 润肤：润肤霜包括面霜、眼霜和防晒霜，夏天可选择水包油型的清爽乳液，秋冬季则选择油包水型的滋润乳霜，为了延缓皱纹的出现，应加强眼部的护理和紫外线的防护。

三、油性皮肤护理

1. 油性皮肤的形成原因

引起油性皮肤的原因很多，主要有以下几种。

① 遗传：先天汗腺、皮脂腺功能差，遗传因素是油性皮肤产生的主要因素。

② 雄性激素影响：皮脂腺分泌受雄性激素影响。雄性激素分泌旺盛，皮肤油腻，容易造成毛孔堵塞，产生粉刺、痤疮。

③ 饮食不当：摄入高油脂、高糖、高热量的食物过多或者辛辣刺激性食物过多，导致皮肤油腻。挑食、偏食造成维生素、矿物质不足，如维生素B的缺乏容易导致皮肤油腻。

④ 清洁不当：油性皮肤皮脂分泌旺盛，容易附着灰尘。如果清洁不彻底，皮脂堵塞毛孔会造成毛孔粗大或者粉刺；如果毛囊内细菌滋生，造成炎症就会形成痤疮；如果过度清洁，或长期使用碱性清洁力度强的洁面产品，容易让皮肤变成缺水性油性皮肤。

2. 油性皮肤的护理重点

油性皮肤的护理要点是皮肤清洁。由于油性皮肤的皮脂腺分泌较旺盛，如不及时做好清洁工作，皮脂堆积就会造成毛孔堵塞和细菌感染，进而形成粉刺和痤疮。

① 注重清洁：油性皮肤因为皮脂阻塞毛孔，容易出现粉刺和痤疮的情况，因此注重皮肤清洁对油性皮肤来讲非常重要。清洁油性皮肤时，应选择清洁力强的清洁用品，并选择温水清洁。还可先用油溶性清洁品，如卸妆油、清洁霜等溶解油性污垢，然后再用水溶性清洁品，如洁面啫喱、洁面皂等彻底清洁皮肤。另外，为了预防死亡的角质细胞阻塞毛孔，应定期为皮肤做深层清洁。

② 适度滋润：虽然油性皮肤油脂分泌旺盛，但如果缺乏适当的保护仍然会出现缺水的情况。久而久之皮肤容易向缺水性油性皮肤发展。因此，要进行适度滋润，可以选用收敛性化妆水、清爽的润肤乳液或者润肤啫喱，给皮肤补充水分。

③ 美容院护理：定期进行美容院护理，给皮肤进行深层清洁，平衡油脂分泌，集中改善皮肤油脂分泌过剩导致的毛孔粗大、皮肤炎症等情况。

④ 睡眠充足、注意饮食：饮食以清淡为主，多吃水果蔬菜，特别是粉刺、痤疮皮肤应少吃高脂、高糖、高热量食物，少吃油炸以及辛辣刺激性食物，少喝可乐、咖啡，少饮酒。

⑤ 如有粉刺情况，需要进行针清和消炎，以免粉刺感染形成炎症性痤疮。但从鼻底到

口角下方的危险三角区，最好不要使用针清。

3. 油性皮肤的专业护理程序

①面部清洁：可选用清洁霜或洁面啫喱配合温热水进行清洁，为彻底清洁和保持毛孔通畅可重复清洗两次，在美容院护理时可配合电动摩面刷使用。

②喷雾：选择热喷。喷雾距离皮肤20～25厘米，普通喷雾时间为5～8分钟，奥桑喷雾时间为2～3分钟，时间过长会造成皮肤的灼伤或色素沉着。

③去角质、清理粉刺：应选择磨砂膏或去角质啫喱进行深层清洁，也可利用真空吸喷仪或者针清的方法，将鼻部、口周，甚至面部的黑头里的皮脂从毛孔中排出，彻底畅通和清洁毛孔。

④面部按摩：选用清爽并具有收敛作用的按摩膏进行面部、眼部和颈部的按摩。手法以揉捏、安抚为主。按摩的时间视情况控制在20分钟左右。

⑤面膜：面膜的选择以平衡油脂分泌、消炎收敛或具有深层清洁作用的面膜为主，如矿物泥面膜、果酸面膜等。

⑥爽肤：爽肤水应选择平衡油脂分泌、收敛粗大毛孔的化妆水。

⑦润肤：油性皮肤可以选择水包油型的清爽乳液，为保持毛孔的通透性，避免使用油脂过多的滋润霜。

4. 针清粉刺的方法

（1）操作步骤

①备品：在小方盒的底部垫上3~5层的纱布，将暗疮针头插在纱布中固定，避免针头被撞弯，然后在方盒中加入2％戊二醛溶液浸泡30分钟（肝炎病毒污染的暗疮针需浸泡60分钟），盖上盒盖备用。每周更换消毒液，清洁、灭菌一次。在需要使用时，先观察消毒液是否混浊或有否絮状物出现，确定没有后，再用镊子取出暗疮针，放在消毒托盘中以供使用。

②清洁皮肤：用洗面奶将皮肤清洁干净。

③热喷：使用热喷仪器热喷5~8分钟，奥桑蒸汽2~3分钟。热喷时可以在粉刺处贴上浸满黑头导出液或者除垢液的湿棉片，让粉刺乳化松动便于清除。

④用酒精棉球消毒需要针清的皮肤，并用酒精棉球去除暗疮针上的戊二醛液。

⑤针清：清理黑头粉刺时，用暗疮针的针圈在毛孔周围轻压，让脂肪栓从毛孔中被挤压出来；清理白头粉刺时，用暗疮针针尖以小于15度的角度刺入覆盖在毛孔上的角质层，然后再向上将角质层挑开，用暗疮针的针圈在毛孔周围轻压，让脂肪栓从毛孔中挤压出来。

⑥针清后，用超声波美容仪或者阴阳电离子仪收缩毛孔，避免毛孔粗大。

（2）注意事项

①面部的危险三角区不能够进行针清。

②在针清时用力不可过大，避免损害毛囊，造成毛孔粗大。

③对于急性炎症的丘疹不能针清。

四、混合性皮肤护理

1. 混合性皮肤的护理重点

混合性皮肤的护理要点是根据皮肤情况分区域进行护理，选择合适的护理产品、护理仪器和护理方法。

2. 混合性皮肤的专业护理程序

①面部清洁："T"字区加强清洁，可选用清洁霜或洁面啫喱，清洁油脂分泌旺盛部位，洗面奶清洁两面颊干性或中性部位。

②喷雾：可将两面颊用棉片湿贴后进行热喷，如此可均衡皮肤受热程度，热喷时间控制在5~8分钟，喷雾距离皮肤三十厘米左右。

③去角质：选择磨砂膏在油脂分泌旺盛部位进行去角质，选择去死皮膏或者去死皮啫喱在两颊进行使用，也可视情况只针对"T"字区进行去角质处理。

④面部按摩：如整个"T"字区非常油腻，应选用油性皮肤使用的按摩膏，若只是鼻部较油腻，其他部位均偏干，则应选用干性皮肤使用的按摩膏，按摩时间视情况可控制在二十分钟以内。

⑤面膜：面膜的选择应按不同的部位进行不同的选择，如"T"字区油脂旺盛，有黑头情况，可以选择平衡油脂分泌、溶解黑头污垢的清洁性面膜，两面颊可选用中干性皮肤使用的面膜。

⑥爽肤："T"字区选择平衡油脂分泌的收敛性化妆水，两面颊选择保湿滋润的柔肤水。

⑦润肤："T"字区可选择水包油型的清爽乳液，皮肤保湿的同时也保持毛孔的通透性，两面颊可选择营养霜或滋润霜。

五、敏感性皮肤护理

1. 敏感性皮肤的护理重点

（1）敏感性皮肤的护理原则

①镇静安抚皮肤。

②增加皮肤的抵抗能力。

（2）敏感性皮肤的护理程序

①清洁水温：注意水温不能太冷，也不能太热，温度最好控制在36摄氏度左右。最好选择对皮肤没有负面影响的软水。

②护肤品的选择：禁止使用强碱、强刺激的产品，选择性质温和的不含香精、纯植物配方的产品。在使用之前最好通过斑贴测试之后，方可使用。注意皮肤保湿，注意防晒。

2. 敏感皮肤的专业护理程序

①清洁：选择性质温和滋润的洗面乳进行面部清洁，避免使用碱性的洁面产品，产生皮肤脱水或敏感现象。

②冷喷：喷雾选择具有镇静安抚、补充皮肤水分作用的冷喷仪，时间为8~10分钟。

③按摩：可选择性质温和、滋润性强的按摩膏或按摩啫喱按摩，手法多选择大面积安抚为主，手法宜轻不宜重，在滑动过程中尽量避免对皮肤过多的牵拉。

④超声波导入：利用超声波导入具有补水、舒缓等作用的精华素。

⑤面膜：为增加皮肤的含水量，提高皮肤的抵抗力，可选择补水软膜、舒缓啫喱面膜。

⑥冷喷：在上膜前再次镇静皮肤、补充皮肤水分。

⑦爽肤：使用保湿滋润性的柔肤水。

⑧润肤：选择具有滋润营养皮肤的润肤乳或霜。

第三章

面部皮肤专业护理程序

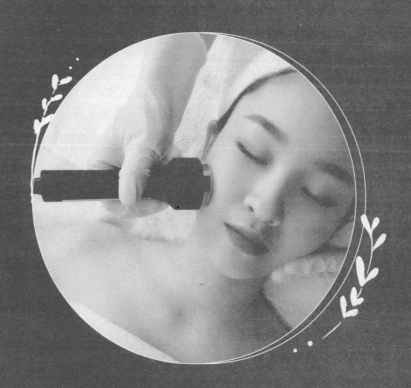

教学要求

1. 了解皮肤护理前准备工作的目的，皮肤护理的目的。

2. 掌握皮肤护理的程序。

3. 熟练掌握皮肤护理前各项准备工作的步骤、要求与注意事项，并准确地进行护理前各项准备工作。

4. 熟练掌握皮肤护理中包头巾的方法及正确操作。

第一节　面部皮肤护理前的准备工作

一、护理前准备工作的意义

① 安全服务：做好皮肤护理前的准备工作，首先是为了确保在皮肤护理过程中的用电安全、使用仪器设备安全和卫生消毒安全，以达到安全服务的目的。

② 有效服务：做好皮肤护理前的各项准备工作，能保证皮肤护理的各项操作顺利进行，并保证操作过程中，设备正常运转，从而达到有效服务的目的。

③ 优质服务：将皮肤护理前的准备工作做好、做到位，能够随时准备为各类型皮肤的客人做好皮肤护理，以达到优质服务的目的。

二、准备工作的基本步骤与要求

美容师准备工作可分为两个部分：一部分是上岗前的准备工作，一部分是上岗后进行项目服务前的准备工作。

1. 美容师上岗前的准备工作

美容师上岗前的准备工作主要包括两个方面。

① 按照美容院卫生管理要求，搞好美容院或本岗位周围的环境卫生。

② 按照美容师个人卫生和形象要求，搞好个人卫生；穿好工作装，佩戴好名牌，化淡妆。

2. 美容师个人卫生和形象要求

① 双手：手部清洁，不留指甲，不涂指甲油，手部要温暖，工作前要用酒精消毒。

② 服饰：工作服整洁，不佩戴手链、手镯、戒指等饰物。

③ 鞋袜：穿工作鞋，忌穿高跟鞋。

④ 发式：工作时要束发。

⑤ 化妆：淡妆。

⑥ 口腔：保持口腔清洁，忌出现口腔异味。

⑦ 沐浴：保持身体清洁，忌有体味。

⑧ 香水：可用淡香水。

3. 护理准备工作的步骤和基本要求

进行皮肤护理准备工作包括：电源、用电设备的准备，用品用具的准备和卫生消毒，协助客人做好皮肤护理前的准备。

（1）电源、用电设备的准备

① 将仪器、设备擦拭干净。要求：用干布擦拭，保持仪器设备干燥。

②检查电源。检查电源有无漏电，是否安全，是否能随时接通。要求：确保设备在工作时能运转。

③插好电源，检查仪器性能，调试好。要求：仪器设备处于良好待工作状态。

④将仪器设备附件、附属用品配齐就位。要求：严格检查设备仪器的配件、附属器附属用品（如真空吸啜管、高频电疗仪的导棒等）并配齐就位。

（2）用品、用具的准备和卫生消毒

①调整好美容床的位置、角度，更换并整理床上用品。要求：干净、整齐、适用。

②将皮肤护理时所需的各种用品、用具备齐，整齐有序地码放在工作台或器械车上。要求：备齐，码放整齐有序，便于随时准确取用。

③卫生消毒：在进行皮肤护理前，应做好严格的卫生消毒工作，以避免交叉感染，确保卫生安全。皮肤护理前的卫生消毒，可分为最基本的四类。

　　a. 毛巾、床单类的消毒。在进行皮肤护理前，应将与客人肌肤直接接触的美容床单、美容用毛巾、客人用的美容衣等进行认真清洗、严格消毒。要求：一人（客人）一套，用过后即清洗、消毒。

　　b. 皮肤护理用品、用具的消毒。在进行皮肤护理前，应将护理时的各种器皿、挖板、海绵扑等用品、用具认真清洗、严格消毒。要求：每次使用前，均应经过消毒、清洁。

　　c. 与肌肤直接接触的仪器、设备附件的消毒。在使用美容仪器、设备时，对于与肌肤直接接触的附件部分，如真空吸啜管、导入、导出棒、高频电疗仪导棒等，应严格消毒。要求做到：每次取用前，均应用75%浓度的酒精或其他方法进行消毒。

　　d. 美容师双手消毒。要求：为每一位客人进行皮肤护理前，必须认真洗手，严格消毒。

（3）协助客人做好皮肤护理前的准备

①帮助客人填好"护肤卡"。

②请客人除去所佩戴的金属饰品。

③帮助客人收存好私人贵重物品。

④帮助客人更换美容院专用衣服。

⑤请客人脱鞋，仰卧于美容床，为客人盖好毛巾被（薄被）、胸巾。

⑥为客人包头。为了操作方便，在皮肤护理之前应先将客人的头包起来。这里介绍4种方法。

方法一：

　　a. 请顾客平躺在美容床上。

　　b. 双手持毛巾的一个宽边向外折3cm左右的边，置于顾客头下，折边与后发际平齐。

　　c. 右手手掌将顾客左侧头发拨向脑后，左手将毛巾左角沿发际压住头发拉至额部。

　　d. 同样用上述方法拉起毛巾右角，压在左角上并塞入毛巾左角折边中。

　　e. 双手拇指、食指扣住毛巾边缘，轻轻将边缘移至发际处，将长头发包在毛巾内。

　　f. 迅速检查一下包头效果，要求松紧适度，不露头发，最大限度地将面部皮肤暴露在毛巾以外。全部操作过程在20秒内完成。

　　方法二：

　　a. 双手持毛巾一个宽边的两端点，右手将所持一角向胸前方向折叠。

　　b. 将毛巾折边置于顾客头下，折边与后发际平齐。

　　c. 其余与毛巾包头方法一相同。

　　方法三：

　　使用宽边的弹性发带，从发际处将头发固定在里边，也是一种简便易行的方法。

　　方法四：

　　当不便破坏顾客的发式时，可用2、3个鸭嘴卡子，从两侧分别将头发卡住。

　　另附2018全国美容护肤大赛面部护理准备工作视频（下简称大赛）

三、准备工作的注意事项

1. 认真细致

认真对待每一个步骤，做好每一个环节，不可疏漏。

2. 准确、到位

要严格把握尺度，绝不敷衍，避免造成不必要的失误与损失。

第二节　皮肤护理的程序

一、皮肤护理的目的

　　① 通过对皮肤的按摩，各类护肤品的使用以及各种养护手段、方法，可以强健肌肤，增强皮肤的活力，延缓衰老。

　　② 通过定期养护，祛除和防止面部皮肤出现粉刺、痤疮、色斑等各类皮肤问题。

　　③ 通过皮肤护理，增加肌肤的弹性、光泽，使人精神焕发，并增强自信心。

二、皮肤护理的程序

1. 清洁面部皮肤

（1）卸妆　用卸妆水（或卸妆油、卸妆乳）清除眼妆、眉妆、唇妆、腮红和粉底。

（2）水润面部角质层　可给皮肤假性补水，提高洁面时抗摩擦能力，将角质变得松软，打开毛孔，便于更好地清洁。

（3）清洁皮肤 分人工徒手清洁和仪器清洁两种方法。在实际操作过程中究竟选用哪一种方法，还应根据顾客皮肤的性质、特点而定。如油性皮肤因油性大，常常借助磨刷帚进行清洁；而干性皮肤因表面皮脂少，用磨刷帚会过量除去皮脂而使皮肤更加干燥；暗疮皮肤使用磨刷帚清洁会引起皮肤发炎、感染。因此，对于干性皮肤和暗疮皮肤应禁止使用磨刷帚。

2. 判断皮肤性质，制定护理方案

皮肤性质的测定分析是皮肤护理的先决条件。除人工分析外还可借助专业的皮肤分析仪器（如美容放大镜灯、微电脑皮肤检测仪、皮肤测试仪、皮肤水分油分检测仪等）进行顾客皮肤分析。在分析皮肤类型时要认真观察皮肤表面毛孔的大小，皮肤颜色，油脂分泌情况，皮肤的松弛度、弹性，有无粉刺、暗疮，有无黑眼圈、眼袋、鱼尾纹等内容，询问顾客在使用化妆品或其他用品时，有无红斑、瘙痒、皮疹等情况。把观察和询问的结果做好记录后，根据顾客的皮肤状况选择和建议护理的项目。

3. 深层清洁

应根据不同性质的皮肤，选择不同性质的深层清洁用品，并通过控制操作时间的长短和力度的强弱来掌握脱屑的程度。

（1）干性皮肤 可使用去死皮膏或去死皮水轻微脱屑。当使用去死皮膏或去死皮水进行脱屑时，可将脱屑操作放在蒸（敷）面步骤的前面。

（2）油性皮肤 可使用磨砂膏较深层脱屑。

（3）中性皮肤 清洁用品和手法介于干、油性皮肤之间。

（4）暗疮、发炎、严重敏感的皮肤 不可进行脱屑。

4. 使用美容电疗仪器

在皮肤护理过程中，经常需要把某些电疗仪器安排到不同的程序中使用，以弥补徒手操作的不足。

5. 面部按摩

面部按摩是面部护理中非常重要的程序。面部按摩就是借助外力和按摩膏的润滑和营养作用，使面部肌肉做出一些被动式且有规律的正确运动，以达到美容和保健的目的。

6. 面膜疗法

面膜是一种新的美容用品，涂敷于面部，约10~20分钟，即形成一层薄膜，有防止水分蒸发，使皮肤角质层软化膨胀，毛孔汗腺扩张，皮肤表面温度上升，改善血液循环的作用；面膜中的营养成分可以渗入皮肤，促进皮肤的新陈代谢；面膜干燥时收缩，使皮肤产生紧绷，能消除一些细小的皱纹和收敛毛孔；面膜中的有效成分对皮肤分泌物和污垢有吸附作用，在卸除面膜时对皮肤达到进一步清洁的目的。

7. 头部按摩及肩颈、手部皮肤护理

实施面膜护理时可根据美容院自身情况或顾客要求进行头部按摩、肩颈皮肤护理或手部皮肤护理。

8. 滋润、营养

滋润营养是皮肤美容护理的最后一步。其主要目的是利用化妆水和润肤霜保养、滋润皮肤，在皮肤表面建立弱酸性保护膜，减少外界恶劣环境对皮肤的损伤。在使用皮肤滋润液、收敛剂等液状护肤品时还可以借助冷式或热式喷雾仪，将其喷射在皮肤上，以滋润、收敛皮肤，调整皮肤的酸碱度。

9. 结束护理工作

① 为顾客除去包头毛巾。

② 为顾客除去胸部毛巾。提起左侧毛巾一角至右侧，再提起另一角，同时提两端两角将毛巾提起，把污物抖至污桶内。

③ 撤去盖在顾客身上的毛巾被。

④ 帮顾客整理好衣、物、头发。

⑤ 如果顾客需要，可为顾客化妆。

⑥ 以认真、诚恳的态度征求意见，如发现有不妥之处，应及时予以修正。

⑦ 根据顾客情况，为其提供家居护理建议。

10. 护理后的工作

（1）填卡　在填写护理卡时，应认真将顾客的皮肤类型、状态、护理程序和方法，以及家居护理建议等详细地做好记录并存档，便于随时了解、掌握顾客的皮肤变化情况，以便对顾客进行系统有效的护理。

（2）整理　送走顾客后，应及时整理内务。

① 美容车上的护肤品拧好瓶盖归位。

② 清洗器皿、器具并常规消毒。

③ 污物丢弃在指定的位置并清洁消毒美容车。

④ 整理美容床及周围环境。美容床上的毛巾、浴巾等进行更换消毒。

⑤ 关闭和切断仪器的电源，并进行简单的维护和保养。

（3）预约　顾客的预约能使美容院的工作有条不紊。美容师在预约时应详细记录顾客的姓名、卡号、预约时间、服务项目和美容师等。

（4）追访　跟踪回访是建立良好信誉的保障，美容师可通过电话、邮件等形式追访顾客护理后的感受，并提醒顾客家居护理的注意事项、下次护理时间等。同时也可将美容院的最新产品和项目介绍给顾客，为顾客提供有利的帮助。

上述10个步骤，是进行皮肤护理的主要的、基本的步骤。由于不同类型的皮肤又各具特点，因此，在进行皮肤护理的过程中，还应根据不同客人的具体皮肤类型、特点，采用相应的仪器和程序进行护理。

第四章
面部清洁

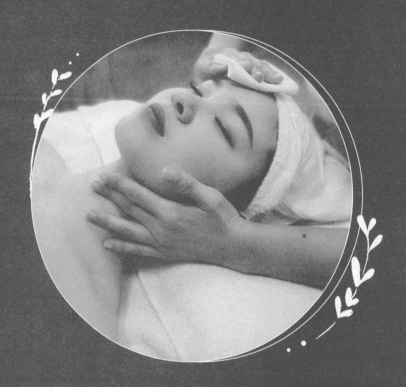

教学要求

1. 了解清洁皮肤的目的。
2. 熟悉面部清洁的基本步骤、要求及水温的选择。
3. 熟悉卸妆、表层清洁、深层清洁产品的种类、特点和使用方法。
4. 熟练掌握洁面纸巾的使用方法，纸巾擦拭法的操作步骤。
5. 熟练掌握卸妆、面部清洁的操作步骤、要求与注意事项。

第一节 表层清洁

一、清洁皮肤的目的

皮肤健康是美容的基础，而面部的保养在美容中占有极重要的位置。面部清洁是皮肤保养的第一步。面部皮肤暴露在空气中，空气中飘浮着污物、尘埃、细菌等，自然附着于皮肤表面，加上自身分泌的油脂、汗液、死细胞等，这些因素会影响皮肤正常生理功能的发挥，甚至引起皮肤感染，发生痤疮、毛囊炎等皮肤病。由此可见，皮肤清洁是非常重要的。洁肤的目的主要有如下4个方面。

① 清洁皮肤表面的污垢、皮肤分泌物，保持汗腺、皮脂腺分泌物排出畅通，防止细菌感染。

② 使皮肤得到放松、休息，以便充分发挥皮肤的生理功能。

③ 调节皮肤的pH值，使其恢复正常的酸碱度。

④ 为护肤品的吸收和皮肤护理做好准备。

二、卸妆

1. 卸妆的顺序

① 清除睫毛膏。

② 清除眼线液。

③ 清除眼影。

④ 清除眉色。

⑤ 清除唇膏。

⑥ 清除腮红、胭脂。

⑦ 清除粉底。

2. 卸妆的操作步骤与方法

（1）湿敷眼部　将蘸有卸妆水的棉片敷于眼部，轻压棉片，让棉片与眼部皮肤贴服，保证卸妆水充分溶解彩妆。

（2）卸睫毛膏　将棉片对折成双层，置于顾客下眼线下边，然后让顾客闭上眼睛，左手固定棉片，右手持蘸有卸妆水（或卸妆油、清洁霜）的棉签，顺睫毛生长方向对睫毛进行擦拭，清除睫毛膏。

▶ 微信扫码 ◀
卸妆

（3）卸眼线　更换棉签，从内眼角向外眼角滚抹，清洗上眼线。若有下眼线，请顾客睁开双眼向上看，一手将下眼睑略向下拉，用同样的手法清洗下眼线。将棉片从内眼角擦拭到外眼角，此时着力点在睫毛部位，不得来回擦拭。

（4）卸眼影、眉毛　重新拿两张蘸有卸妆水（或卸妆油、清洁霜）的棉片，由中间向两边拉抹，清洗眼影及擦拭眉毛。

（5）卸唇膏　一手轻轻按住嘴角的一端，另一手用一张蘸有卸妆水（或卸妆油、清洁霜）的棉片，从按住的一侧嘴角拉抹向另一侧，分别清除上下唇的唇膏。

（6）清除腮红　重新更换两张蘸有卸妆水（或卸妆油、清洁霜）的棉片（或纸巾），双手各持一片，指尖朝向下颌方向，从双侧鼻唇沟轻轻拉抹向双颊两侧，清除腮红。

（7）卸除粉底　重新更换两张蘸有卸妆水（或卸妆油、清洁霜）的棉片，按额头、鼻子、面颊、口周的顺序，沿肌肉纹理走向擦拭。也可以将卸妆水（或卸妆油、清洁霜）涂于面部，然后用手指在面部向上打小圈，待粉底充分溶解后，再用纸巾吸去或抹去卸妆水（或卸妆油、清洁霜）。

另附2018全国美容护肤大赛面部护理卸妆视频。

3. 卸妆用品、用具及使用方法

▶微信扫码◀
卸妆（大赛）

（1）卸妆用化妆品

① 清洁霜：清洁霜是一种可以在无水条件下清洁面部皮肤的固体膏霜，具有清除面部污垢和护肤功效的洁肤化妆品。含油量较高且多为油包水型，特别适于清洗油性化妆成分。

清洁霜的主要成分是凡士林、蜂蜡、羊毛脂、去离子水、乳化剂等。清洁霜中的油分可溶解油性污垢，常用于油性皮肤和化妆皮肤的清洁。

清洁霜的使用方法：清洁霜的使用多在无水的条件下进行，一般先将清洁霜均匀地涂抹在面部皮肤上，轻轻按摩使清洁霜的油性成分充分渗透，将皮肤上的油污完全溶解后，用纸巾将其轻柔地擦掉。拍化妆水中和油分或用香皂、洗面奶清洁皮肤。

② 卸妆水：卸妆水分为弱效型卸妆水和强效型卸妆水。弱效型卸妆水的主要成分是去离子水、保湿剂、表面活性剂如多元醇等，具有良好的亲肤性，且不油腻、易于清洗，但清洁力度有限，适合卸淡妆使用。强效型卸妆水的主要成分是去离子水、多元醇、溶剂如苯甲醇等、缓冲剂、护肤成分。强效型卸妆水能够快速溶解妆面，卸妆效果好，但刺激性强，长期使用会使皮肤变得干燥、敏感。适合用于卸浓妆，不适合用于敏感、干性和暗疮皮肤。

卸妆水的使用方法：用化妆棉蘸取适量的卸妆水，用化妆棉轻柔的擦拭面部，将妆面完全卸除后，用常温水洗洁干净，再用洁面产品清洁一遍。

③ 卸妆油：是指以油脂构成的，能够溶解各种彩妆和污垢的卸妆用品。

卸妆油的主要成分是纯植物油或矿物油，现在很多品牌的卸妆油还添加了大量的乳化剂，这样的卸妆油有遇水立即乳化的特点，能够将油溶性污垢更加彻底地清除，而且使卸妆油易于清洗。其清洁机理是油溶性，对于油彩妆的清洁效果比清洁霜更为显著。

卸妆油的使用方法：把卸妆油均匀地涂抹于面部皮肤上，轻轻按摩，将皮肤上的油彩完全溶解后，用纸巾将其轻柔地擦掉，再用洗面奶及温水清洗。

（2）纸巾、洁面纸巾（清洁棉片）、洁面海绵的使用方法

① 纸巾（面巾纸）的使用方法：纸巾用于擦去面部的污物，用时需绕在手指上，其缠绕方法如下（见图4-1）。

    a.将纸巾对折成三角形。

    b.掌心向下，用食指和中指夹住纸巾。

    c.将纸巾上端向下绕过食指、中指、无名指，然后在无名指与小指间将纸巾的另一角向上卷起。

    d.用中指按住纸巾的一角。

    e.将长出手指的纸巾部分向手背折下，并用中指压住固定。

纸巾缠绕要求：整齐、牢固、迅速。全部缠绕过程应在3秒钟内完成。

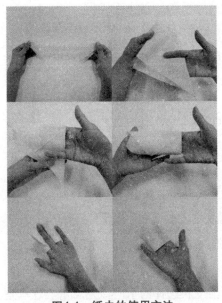 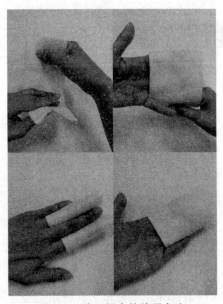

图4-1 纸巾的使用方法　　　　图4-2 洁面纸巾的使用方法

② 洁面纸巾（清洁棉片）的使用方法。洁面纸巾（清洁棉片）是洁肤的常备用品之一。它是一次性使用品，简便卫生。清洁棉片用于擦去面部的洗面奶、磨砂膏、水渍等，还可将洁面纸巾（棉片）缠绕在手指上清洁皮肤（图4-2）。其操作方法如下。

    a.将洁面纸巾折叠成长方形（棉花剪成5~7厘米的方形棉片），浸湿后攥干待用。

    b.用洁面纸巾（棉片）分别包住中指、无名指，并分别由食指、中指和无名指、小指将棉片两端夹牢。

    c.运动中指、无名指指腹进行擦拭即可。

因洁面纸巾（清洁棉片）为一次性使用品，所以用过的棉片应丢弃，不可重复使用。

③洁面海绵的使用方法。洁面海绵是常使用的洁面擦拭工具，其用法与清洁棉片基本相同。在操作中，还应注意以下几点。

a. 将洁面海绵浸入水中拿出攥干后，双手还会留有一些水滴，此时切不可将水滴随意甩掉，正确的擦双手水滴的方法是：交替将一手手背叠入另一持洁面海绵手掌中，用其掌中洁面海绵将手背上的水滴擦去。

b. 擦拭面部较狭窄的部位，可将洁面海绵折叠使用。

c. 洁面海绵用后应立即清洗、消毒。

d. 为每一位顾客所使用的海绵，均应是经过彻底消毒的干净海绵。

4. 卸妆的要求与注意事项

①卸妆彻底。

②眼部皮肤较敏感，卸妆动作要轻柔。

③面部卸妆时，要注意不能将洁肤品流入顾客口、鼻、眼中。

三、清洗皮肤

1. 清洗面部皮肤的基本步骤

①涂洗面奶（或其他洁肤品）。

②用洗面奶（或其他洁肤品）清洗面部各部位。

③用温、清水将洗面奶彻底清洗干净。

2. 洗面要求

①洁肤用品应借助工具取用，不可直接用手从容器中取用。

②洁肤完成时，皮肤上的洁肤用品应彻底清洗干净，以免残留在面部伤害皮肤。

③洗面动作要熟练、有条理、步骤清楚。洗面过程以3~4分钟为宜。

3. 水的选择

①水质的选择。水有软水和硬水之分，清洁皮肤选择的水应该是软水。软水是不含或仅含少量钙盐、镁盐的水，性质温和，对皮肤无刺激，如自来水、蒸馏水等。硬水是指含有钙盐、镁盐较多的水。自然界中井水、泉水硬度最大，湖水、河水硬度中等。长期使用硬水会使皮肤脱脂、干燥，不适宜清洁皮肤使用。

②水温的选择。适当的水温是清洁皮肤的重要条件，水温过冷与过热对皮肤都不利。水温过冷（20℃以下）对皮肤有收敛作用，可锻炼肌肤，使人精神振奋，但用过冷的水洁肤，不易清洁掉皮肤上的油性污垢，油性、暗疮性皮肤不适合使用。水温过热（38℃以上）对皮肤有镇痛和扩张毛细血管的作用，但经常使用会使皮肤脱脂，血管壁活力减弱，导致皮肤淤血、毛孔扩张，皮肤容易变得松弛无力、出现皱纹。合适的水温在30℃~35℃之间，微温水对皮肤有镇静作用，有利于皮肤的休息和解除疲劳，而且便于洗净油性污垢，

对皮肤无伤害。另外还可以采用冷水和温水交替使用的方法，水温的冷热变化可使皮肤浅表血管扩张和收缩，增强皮肤的呼吸，促进血液循环。

4. 清洗皮肤的基本操作方法

（1）纸巾擦拭法

① 擦拭眼部：从内眼角，擦拭到外眼角，动作沉稳，洁面巾紧贴皮肤，施力均匀，顺应眼部结构特点，着重擦拭内外眼角和眼缝。

② 擦拭额部：从中间向两边擦拭额部，擦拭发际边缘。

③ 擦拭鼻部：擦拭鼻梁，鼻两侧，最后擦拭鼻翼。

④ 擦拭面颊：分三线擦拭，鼻侧至太阳穴，人中到耳中，下颌至耳垂。

⑤ 擦拭下颌及颈部：双手从对侧耳根沿下颌擦拭至己侧，双手交替向上擦拭颈部。

⑥ 擦拭耳朵：擦拭耳轮，耳后。

（2）面部清洁

清洁顺序一般是由额头至下巴，依次为：额部、眼周、鼻部、双颊、口周、下颌、颈部。其具体步骤如下。

① 放置洗面奶：用纸巾擦拭法润湿面部，取适量洗面奶置于左手手背虎口的上方，右手指腹将洗面奶分别涂于额部、双颊、鼻头及下颏部，然后用双手的中指和无名指指腹将其均匀地涂抹开。

② 洗额部：手竖位，双手中指、无名指并拢，以其指腹着力由眉心起逐次向上抹至额中部，再向两边打圈至太阳穴，如此反复数次。

③ 洗眼部：接上节手位。双手中指、无名指指腹从太阳穴开始，沿下眼眶、眉头、上眼眶、太阳穴反复抹圈清洗；当中指、无名指抹至鼻两翼时，无名指抬起，只由中指单独拉抹至眉心；然后中指、无名指迅速并拢，继续沿眼周抹圈清洗。

④ 洗鼻部：接上节手位。当中指指腹拉抹至眉心处时，双手拇指交叉，用中指指腹沿鼻梁两侧上下推拉数次。当中指指腹推抹至鼻头两翼时，在鼻头两翼分别向外、下摩小圈，清洗鼻头、鼻翼，如此反复数次。

⑤ 洗面颊：接上节手位。在鼻头两翼，中指、无名指迅速并拢，以其指腹沿三线，由鼻两翼至太阳穴，由嘴角两侧至耳中，由下颏至耳垂前方摩小圈，如此反复摩小圈清洗。

⑥ 洗口周：双手横位，中指、无名指并拢，以其指腹在下颏中部同时向两边拉抹至嘴角后，中指、无名指分开，同时推向上唇和下唇（中指指腹推向上唇，无名指指腹推至下唇）。然后中指、无名指沿相同的路线拉回嘴角处。最后中指、无名指并拢，用其指腹抹向下颏中部，反复推抹清洗口周。

⑦ 洗下颌：双手横位，五指并拢，全掌着力，交替从对侧耳根沿下颌拉抹到同侧耳根，清洗下颌处皮肤，反复数次。

⑧ 洗颈部：双手横位，五指并拢，全掌指着力，交替从颈部拉抹至下颊、下颌，清洗颈部皮肤，反复数次。

⑨ 清洗耳部：用拇中指清洗耳郭。

⑩ 用纸巾擦拭法将面部洗面奶清洗干净。

另附2018全国美容护肤大赛面部护理面部清洁视频。

5. 洁肤品的选择与使用方法

常用的洁肤品有香皂、洗面奶、泡沫洁面乳（皂液洁面乳）、洁面啫喱等。

（1）香皂　香皂的主要成分是高级脂肪酸、碱剂、表面活性剂、润肤剂、保湿剂等。香皂的特点是质地细腻、泡沫丰富、清洁力强、含碱量低，又添加有润肤剂，因此对皮肤刺激性较小，适合油性皮肤使用，不适合干性缺水性肌肤者使用。

（2）洗面奶　洗面奶的主要成分是洗净剂，包括高级脂肪酸、碱剂、表面活性剂、润肤剂、保湿剂等。洗面奶性质温和，含少量碱剂或者不含碱剂，其碱性小于香皂，利用溶剂和表面活性剂清洁皮肤，清洁效果良好，另外含有较多的润肤剂，在清洁皮肤的同时，在皮肤上留下滋润保护膜，对皮肤刺激性小。适合干性、中性、敏感性皮肤使用。

使用方法：先用温水湿润面部皮肤；将洗面奶涂在前额、鼻部、下巴及两颊处，均匀抹开；然后用指腹在面部打圈揉洗皮肤；最后用清水将洗面奶清洗干净。

（3）泡沫洁面乳、洁面啫喱　含碱量少或者不含碱剂，碱性介于香皂和洗面奶之间，表面活性剂能够产生丰富的泡沫清洁皮肤，清洁力度较好，含有润肤剂，使用后皮肤清爽而且不紧绷。适合中性、油性、混合性皮肤使用，不含碱剂洁面乳适合敏感性皮肤使用。

使用方法：先将洁面乳适量倒入左手掌心，再将右手指沾水后，用其中指和无名指肚在左掌心成环状打圈，将其稀释，并使其揉搓起泡沫，然后将稀释并起泡沫的洁面乳涂抹于面部，以洗面动作清洁面部，最后用温清水清洗面部。

（4）清洁产品的选择　清洁产品种类很多，如有洗面奶、泡沫洁面乳、洁面啫喱等不同种类。使用时应考虑皮肤的性质和需求。干性、中性皮肤的人在选择清洁用品时，应该选择洗面奶，因为其质地温和，清洁效果良好，清洁皮肤的同时，在皮肤上留下滋润保护膜，对皮肤刺激性小。而油性皮肤、混合性皮肤的人则应该选择泡沫洁面乳、洁面啫喱，因为这两种洁面乳的表面活性剂能够产生丰富的泡沫清洁皮肤，清洁力度好，含有一定润肤剂，使用后皮肤清爽而不紧绷。

═══ 第二节　深层清洁 ═══

深层清洁也称脱屑、去角质或去死皮。即去除皮肤角质层过分堆积的衰老死亡细胞及毛孔内深层的污垢，是常见的皮肤护理方法之一。随着皮肤的不断自我更新，最外层的死细胞会不断脱落，由新生的细胞来补充。在某些因素的影响下，死细胞的脱落过程过缓，当其在皮肤表面堆积过厚时，皮肤会显得粗糙、发黄、无光泽，并影响皮肤正常生理功能的发挥。此时可借助人工的方法，帮助堆积在皮肤表层的死细胞去除，这就是脱屑。

一、皮肤脱屑的方式

1. 自然脱屑

自然脱屑是由皮肤自身正常的新陈代谢过程来完成的。表皮细胞经一定时间由基底层逐渐生长到达皮肤表面，变为角化死细胞而自行脱落。

2. 物理性脱屑

物理性脱屑是不通过任何化学手段，只使用物理的方法使表皮的角质层发生位移、脱落的方法。物理性脱屑常用的产品有：磨砂膏、撕拉型深层清洁面膜等。此脱屑方法对皮肤的刺激性较大，一般情况下，仅适用于油性皮肤及健康皮肤。

3. 化学性脱屑

将含有化学成分的去死皮膏、去死皮水等涂于皮肤表面，使附着于皮肤表层的角质细胞软化，易于除去的方法，称为化学性脱屑。此脱屑方法适于干性、衰老性皮肤。

二、脱屑的方法

1. 磨砂膏的使用

磨砂膏是利用细小的颗粒（去皮的苹果核、杏仁等破碎后的颗粒或矿物砂粒、合成树脂颗粒）与皮肤摩擦，去除皮肤表皮死亡脱落的角质层细胞和吸附毛孔深处的污垢。磨砂膏对皮肤有一定的刺激，频繁使用会损伤皮肤。

（1）磨砂膏的使用方法

①用洗面奶彻底清洁面部，并用蒸汽蒸面后，取适量磨砂膏，分别涂于前额、两颊、鼻部、下颌处，均匀抹开。

②双手中指、无名指并拢蘸水，以指腹按额部、双颊、鼻部、嘴周围、下颌的顺序，打小圈，拉抹揉擦。

③将磨砂膏彻底清洗干净。

（2）使用要求　干性、衰老皮肤脱屑时间短；油性皮肤脱屑时间稍长；"T"形带脱屑时间稍长；眼周围皮肤不做磨砂。整个脱屑过程以3分钟左右为宜。

2. 去死皮膏、去死皮液、脱屑水的使用

去死皮膏（液）、脱屑水的主要成分是有机酸、聚合乙烯。有机酸可以溶解和剥离角质，聚合乙烯起磨滑作用，另外还含有胶合剂和润肤剂。去死皮膏性质温和，敏感性皮肤

也可使用。其使用方法如下。

①将去死皮膏（液）或脱屑水均匀薄涂于面部。

②停留片刻（停留时间参照产品说明）。

③将纸巾垫于面部皮肤四周。

④左手食指、中指将面部局部皮肤轻轻绷紧，右手中指无名指指腹将绷紧部位的去死皮膏（液）及软化角质细胞一同拉抹除去。拉抹的方向是从下端往上拉抹、从中间部位向两边单向拉抹。

⑤用清水将去死皮膏（液）彻底洗净。

3. 脱屑的注意事项与禁忌

①脱屑前应先蒸面，使角质细胞软化、毛孔张开。

②脱屑一般以"T"字带为主，视肌肤状况决定是否对面颊进行脱屑，眼周禁止使用。

③脱屑的方法与用品应根据顾客的皮肤性质选用。

④有皮肤发炎、外伤、严重痤疮、特殊脉管状态等问题皮肤均不适用脱屑。

⑤脱屑的间隔时间根据皮肤状态和皮肤的代谢周期而定，不可过勤，以免损伤皮肤。

第五章

面部按摩

教学要求

1. 熟悉面部按摩的介质和作用。
2. 掌握面部按摩基本原则、要求与禁忌。
3. 掌握面部按摩操作要点与作用。
4. 熟练掌握美容师手部训练操作。
5. 熟练掌握面部按摩常用穴位，熟练掌握并应用按摩操作手法。

现代人生活在紧张而快节奏的环境中，皮肤经常处于紧张、疲劳状态，造成皮肤衰老加快。为了保养皮肤，延缓衰老，人们越来越重视皮肤的护理，而皮肤按摩是保养皮肤的有效方法之一。作为美容师，只有熟练掌握科学的按摩方法，才能在工作中帮助顾客达到满意的护肤效果。

一、面部按摩的目的与功效

① 增加血液循环，促进细胞新陈代谢，给皮肤组织补充营养。

② 提高皮肤温度，增加汗腺和皮脂腺的分泌，毛孔张开，将毛孔中的废物排泄出去。通过按摩还可以使皮肤表面的死细胞慢慢松动并脱落，使皮肤更加洁净。

③ 使皮肤组织密实而富有弹性。

④ 加速静脉回流，排除积于皮下过多的水分，消除肿胀和皮肤松弛现象，有效地延缓皮肤衰老。

⑤ 放松神经，减轻肌肉的疼痛和紧张感，消除疲劳，令人精神焕发。

二、面部按摩的介质

1. 按摩膏

按摩膏的主要成分：凡士林、羊毛脂、蜂蜡、植物油、去离子水、乳化剂、保湿剂、抗氧化剂及各种添加剂。

按摩膏的作用和特点：润滑皮肤、滋润皮肤。按摩膏中添加不同的添加剂，适合不同类型的皮肤。中性、干性皮肤使用的按摩膏添加润肤、保湿成分，如人参、维生素E、芦荟等；油性皮肤使用的按摩膏添加具有收敛皮肤、减少油脂分泌的成分，如薄荷、金缕梅、柠檬等。

2. 按摩油

按摩油的主要成分：脂肪酸、蛋白质、维生素和矿物质。

按摩油的作用和特点：保湿润肤、为皮肤补充矿物质和维生素。纯植物油性质非常温和，除部分极度敏感的皮肤外，其他皮肤类型都可以使用。纯植物油的种类繁多，通常在面部使用质地爽滑的霍霍巴油、甜杏仁油、橄榄油、芦荟油等。为了使纯植物油更加具有护理功效，可以在其中添加芳香精油。芳香精油的选择也是依据皮肤的类型和性质而定的，例如中性、干性皮肤选择可以滋润皮肤的玫瑰精油、橙花精油；油性皮肤选择可以清洁、平衡油脂分泌的薰衣草精油、茶树精油、薄荷精油；敏感皮肤选择可以镇静皮肤的洋甘菊精油。

3. 按摩啫喱

按摩啫喱的主要成分：膏分子胶体、水、保湿剂、防腐剂。

　　按摩啫喱的作用和特点：润滑皮肤、为皮肤补充水分。按摩啫喱的无油配方，不造成毛孔堵塞，常用在油性皮肤和粉刺、轻度暗疮皮肤的按摩上。其缺点是皮肤吸收速度快、用量大、需要不断在按摩过程中添加。按摩啫喱的添加成分多为薄荷、冰片、茶树精油、金缕梅等，使其具有良好的收敛皮肤、杀菌消炎、减少粉刺暗疮发生的作用。

三、面部常用穴位（见图5-1、图5-2）

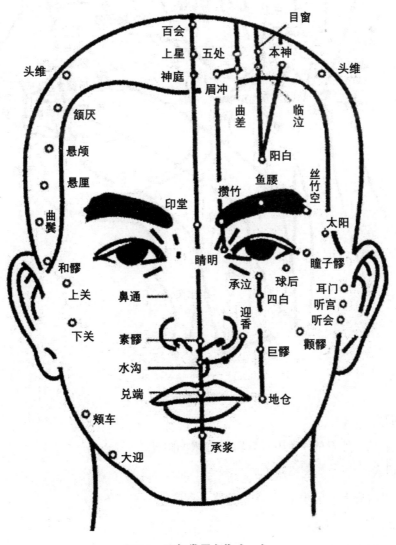

图5-1　面部常用穴位（一）

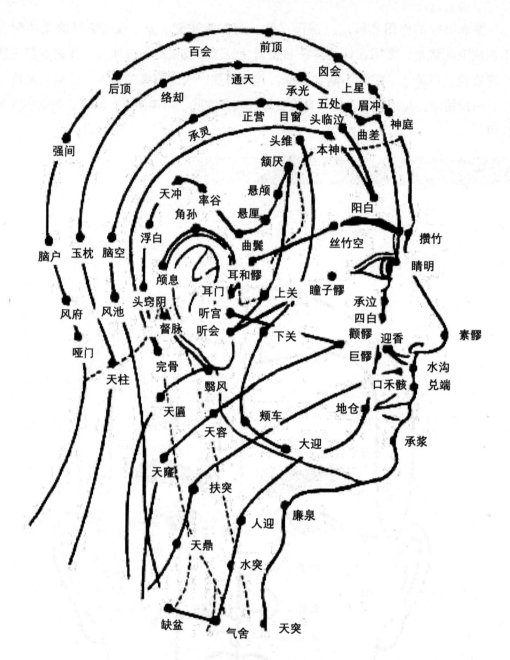

图5-2　面部常用穴位（二）

1. 太阳穴

定位：眉梢与外眼角连线中点后约3.3厘米凹陷处。

2. 睛明穴

定位：眼内眦上方半寸（1寸＝2.2厘米）凹陷处，左右各一穴。

3. 印堂穴

定位：两眉头连线的中点。

4. 攒竹穴

定位：眉头内侧凹陷处。

5. 鱼腰穴

定位：眉毛中点与瞳孔直对处。

6. 丝竹空穴

定位：眉梢外侧凹陷处。

7. 瞳子髎穴

定位：眼外眦外侧，眶骨边缘凹陷处。

8. 球后穴

定位：眶骨下缘外1/4与内3/4交界处。

9. 承泣穴

定位：眼平视，瞳孔直下，眶骨边缘。

10. 四白穴

定位：眼平视，瞳孔直下，眶下孔处。

11. 迎香穴

定位：鼻翼旁开约1.6厘米，鼻唇沟中。

12. 鼻通穴

定位：鼻背两侧。

13. 地仓穴

定位：口角旁开约1.3厘米处。

14. 人中穴

定位：人中沟中上1/3处。

15. 承浆穴

定位：颏唇沟正中凹陷处。

16. 颊车穴

定位：下颌角前上方一横中指，咀嚼时咬肌隆起最高处。

17. 颧髎穴

定位：眼外眦直下，眶骨下缘凹陷处。

18. 翳风穴

定位：耳垂后方凹陷处。

19. 听宫穴

定位：耳屏中点前缘与下颌关节间，张口凹陷处。

20. 听会穴

定位：听宫下方，与耳屏下切迹相平。

21. 上关穴

定位：耳前，下关直上，颧弓上缘凹陷处。

22. 下关穴

定位：颧弓与下颌切迹之间的凹陷处，合口有孔，张口即闭。

23. 廉泉穴

定位：甲状软骨和舌骨之间，颈部正中线与喉结正上方横皱纹交叉处。

四、美容师的手部训练

美容师在用双手为顾客进行按摩时，手的动作要做到灵活地适应人体各部位的变化，根据体表所在位置及状态的不同，调整按摩的手法及力度，并保持平稳的节奏，这就要求美容师的双手具有良好的灵活性与协调性。经常做手部运动训练可以达到这个目的，并保持良好的手形。

1. 手部韧带训练

（1）"抓、抛球"

训练目的：可抻拉掌部韧带，活动手指、指掌及手腕关节，使之强健有力。

动作要领：两臂自然弯曲，上臂保持下垂，前臂向上抬起，双手微握拳，想象手中各紧握一个小球，甩动前臂，用力将想象中的小球"抛出"。"抛出"时，手指尽力张开向手背方向紧绷。

（2）双掌对推

训练目的：增加手的灵活性。

动作要领：上臂抬起，前臂放平，双手指尖向上，在胸前合十。右手手指部位用力将左手手指尖有节律地推向左手手背方向，左右手交换。如此交替左右推掌，以运动双手手掌、手腕部，并抻长韧带。

（3）指形训练

训练目的：可促进血液循环，保持良好手形。

动作要领：双手对位，十指相互交叉于指根部。右手微握拳，五指自指根部将左手指卡紧，用力带向左手指尖。多次反复后，左右手交换。

2. 手部协调性训练

（1）多指交替点击

训练目的：锻炼手指间的协调性。

动作要领：双手手指自然弯曲，十指指尖点于桌面（或膝盖部）。分别由拇指开始至小指依次快速点击桌面（或膝盖），然后返回。点击时，十指力度、速度均匀，并逐渐加快速度。

（2）正向轮指

训练目的：训练手指和指掌关节的灵活性及手指间的协调性。

动作要领：双手指掌关节微曲，手指绷直。在向尺侧稍旋腕的同时，从食指依次至小指，分别带向掌心的瞬间，以指腹着力，点弹在桌面（或膝盖）的同一点上。此后食指至小指均收入掌心，呈握拳状，拇指仍伸向手背部。

（3）反向轮指

训练目的：训练手指和指掌关节的灵活性及手指间的协调性。

动作要领：双手指关节微曲，手指绷直。在向桡侧旋腕的同时，从小指依次至食指，分别带向掌心的瞬间，以指腹着力，点弹在桌面（或膝盖）的同一点上，此后小指至食指均收入掌心，呈握拳状，拇指扔伸向手背部。

3. 腕部灵活性训练

（1）旋腕

训练目的：活动腕关节。

动作要领：两臂相对弯曲，十指相互交叉对握，分别向前、后、左、右旋转手腕，活动腕关节。

（2）甩手

训练目的：以促进手部血液循环，活动腕部关节。

动作要领：两臂相对弯曲，前臂平端，十指指尖向下，掌心朝向自己，双手在胸前快速上、下及左、右甩动。

五、面部按摩的步骤和方法

面部美容按摩作为皮肤护理的重要内容之一，在世界各地广泛运用，各具特色，起着养颜防衰老的作用。在学习时，注意掌握不同部位的不同方法，在实际运用时，应根据顾客的皮肤特点灵活运用。

手位约定：为了叙述方便，这里将双手指尖向下，手指垂直于两眼连线的手位简称"手竖位"；双手手指平行于两眼连线的手位简称"手横位"。

▶ 微信扫码 ◀
面部整体按摩 I

1. 面部整体按摩 I

整体按摩一般用于按摩的开始和结束。用于开始的整体按摩，动作简单、连贯，着力面积大，用力均匀。美容师可以通过整体按摩中抚、抹、摩、点等手法，使由于种种原因感到紧张、疲劳的顾客很快放松、感觉舒适。通过双手时轻时重的抚摩和点揉，使美容师和顾客达到心理上的默契和沟通，从而进入创造美和享受美的一种和谐的境界。

（1）按摩手法

①拉抚下颌、点揉翳风：双手横拉，五指自然伸直，分别将四指并拢，全掌着力。双手交替从对侧耳根沿下颌拉抚到翳风穴，各做两遍后，用双手中指指腹同时点揉双侧翳风穴，如此反复4、5次。

②搭"房子"，点太阳：双手四指交叉，双掌着力，从下颌向上慢慢越过鼻头抚向眼部，做眼部交剪手（食指、中指分开，沿上下眼眶渐渐拉抚向两侧太阳穴，边拉抚，两指边慢慢并拢）。最后用双手中指指腹同时点按两侧太阳穴。

③口眼交剪手，点太阳穴：双手在上、下唇外侧同时做交剪手（食指、中指分开，沿上下唇外侧渐渐拉抚向嘴角两侧，边拉抚，两指边慢慢并拢）后，再沿上下眼眶做交剪手。最后用双手中指指腹同时点按两侧太阳穴。

④额部拉抹：双手交替向斜上方拉抹额部。

（2）操作要点

①拉抚下颌时全掌着力作用于体表。

②点按穴位时用中指指腹，着力持续均匀，由轻而重，由浅入深，逐渐加力。

③摩大圈时要用中指和无名指的指腹部位。

（3）作用

整体按摩着力面积大，用力均匀，动作简单、连贯，主要作用是增加面部血液循环速度，促进皮脂腺分泌功能，使受按摩者在短时间内充分放松，配合美容师为完成整个按摩过程做好身心准备。

2. 额部按摩

（1）按摩手法

①摩小圈，点太阳：双手横位。中指、无名指分别并拢，以其指腹同时从眉心开始在额部向两侧摩竖圈。摩至两侧太阳穴后，双手中指同时点按两侧太阳穴，如此反复数次。

②额头走"V"字：双手竖位。中指、无名指并拢，以其指腹自右侧太阳穴起，双手同时由右向左在额部上下交错按"V"字形路线摩至左侧太阳穴后，用左手中指指腹点按左侧太阳穴，向上用力，向下不用力。然后用同样手法由左向右返回，如此反复数次。

③展抬头纹，摩小圈：双手横位。左手中指、无名指（或食指、中指）尽可能大地分

▶ 微信扫码 ◀
额部按摩

开，从右侧太阳穴经额部慢慢向左移动。与此同时，右手中指、无名指并拢，以其指腹在左手两指之间从右向左摩竖圈到左侧太阳穴处。如此反复数次。

④除"川"字纹，摩小圈：双手竖位。左手中指、无名指（或食指、中指）分开，以其指腹从鼻根部将"川"字纹轻轻展开，并向上慢慢移动至额中部，同时右手中指、无名指并拢，以其指腹在左手两指之间摩横圈，并随左手由鼻根部慢慢摩至额中部，如此反复数次。

⑤摩半圈，点太阳：双手横位。中指、无名指并拢，以其指腹从额中部向左侧太阳穴处交叉摩半圈，至左侧后，用左手中指指腹点按左侧太阳穴。然后以同样动作从左向右返回，如此反复数次。

⑥拇指点三穴，中指点太阳：双手四指分别虚握拳，拇指叠起，以拇指指腹叠按神庭穴，然后双手分别向两侧分开，继续用拇指依次点按头临泣穴和头维穴，然后再用中指指腹点按太阳穴。

⑦拉抹额部发际：双手微握拳，两拇指指尖相对，以其指腹分别从前额发际中点沿发际拉抹至两耳上方，如此反复数次。

⑧四指点弹额头：双手手指自然分开，平伸，以食指至小指指腹着力于前额，四指边打圈边做连续、快速的点弹。

⑨抚前额：双手五指自然伸直，全掌着力，先横位后竖位交替轻而滑地从眉骨拉抹至发际。如此反复数次。在眉心处用中指、无名指交替向上拉抹后向斜上方拉抹，反复数次后点按印堂穴。

（2）操作要点

①使用指摩法时，要以关节旋转带动指腹，由浅入深，由表及里，协调连贯地盘旋转动。

②拉抚额部轻而不浮，重而不滞，动作一气呵成。

③四指点弹前额时用力适当、均匀。

（3）作用

①通过指摩方法，可促进血液循环，帮助皮脂排出，舒展额部皱纹。

②额部拉抹可使神经最大限度地放松，减少不适感。

③点弹额头能起到帮助营养渗透肌肤，增加肌肤弹性的作用。

3. 眼部按摩

（1）按摩手法

①用美容指在眼周从内向外打圈。

②点"十穴"交剪手：依次用中指指腹点按瞳子髎穴、球后穴、承泣穴、四白穴、睛明穴；中指指腹叠起点按印堂穴；中指指腹依次点按

微信扫码
眼部按摩

攒竹穴、鱼腰穴、丝竹空穴；做眼部交剪手，最后用中指指腹点按太阳穴。

③眼周鱼尾纹摩小圈，点太阳：双手横位，中指、无名指并拢，以其指腹在眼角两侧鱼尾纹处摩竖圈。摩3圈后，用中指指腹点按太阳穴，如此反复数次。

④摩圈走"8"字：左手中指、无名指（或食指、中指）尽量分开，展开左眼角处鱼尾纹。与此同时，右手中指、无名指并拢，用其指腹在左手两指之间摩小圈，然后右手中指、无名指经眼眶走"8"字摩至右眼外眼角鱼尾纹处，左右反复数次。

⑤上下弹琴手：双手手指自然分开，平伸。以食指至小指指腹着力于下睑皮肤，从外眼角沿下眼眶连续、快速的点弹到内眼角，然后中指从攒竹穴抹至丝竹空穴。如此反复数次后，调换方向，即从外眼角沿眉骨点弹至内眼角，中指沿下眼眶从内眼角拉抹至外眼角。

⑥鱼尾纹部拉摩：以中指、无名指指腹交替向上轻轻拉抹外眼角鱼尾纹部位，如此反复多次。一手交剪手拉抹眼袋、提拉眼角，另一手在眼袋处拉抹（或轻推），如此反复多次。做完一侧做另一侧。

⑦推按眼球：双手竖位，四指并拢，全掌着力。双掌平行从发际向下轻推至眼部后，弹按眼球，然后双手向两侧抹开。

（2）操作要点

①点按眼部周围的穴位时，着力缓慢轻柔，稳妥准确，逐渐加力，点压力度小。

②按眼球时，用力方向垂直于眼球，慢慢按下，着力缓和，不使用爆发力。

（3）作用

①眼部按摩具有增加肌肤弹性，减轻眼角的鱼尾纹，延缓眼尾皮肤肌肉下垂，消除眼袋等作用。

②具有疏通气血，养颜明目的作用。

③具有放松眼部神经的作用。

4.面颊按摩

（1）按摩手法

①沿三线摩小圈：双手横位。中指、无名指分别并拢，以其指腹在两侧面颊沿三条线摩小圈，从迎香穴经面颊至太阳穴，从地仓穴经面颊至听宫穴，从承浆穴经面颊至听会穴，如此反复数次。

②大鱼际揉捏：双手呈半握拳状，用大鱼际着力，在下颏部向内侧揉3圈后，用拇指指腹与食指指腹相对用力，快速捏提一下下颏局部肌肉，然后用同样的手法依次揉捏口角、颧部、颊部，最后快速捏提下颏、口角、颧部、颊部等四个部位肌肉，如此反复数次。

▶微信扫码◀
面颊按摩

③沿三线快速提捏：双手微握，拇指指腹与中指指腹相对用力，一张一合，沿迎香穴至太阳穴，地仓穴至听宫穴，承浆穴至听会穴三线，在面颊持续、快速、均匀、反复地捏提。

④拉抹面颊，点"六穴"：双手竖位，全掌着力，交替向斜上方拉抹面颊，以中指指腹轻揉并点按颊车穴、下关穴、上关穴、颧髎穴、迎香穴和地仓穴。

⑤点弹双颊：双手手指自然分开，平伸。以食指至小指指腹着力于两面颊，四指边打圈边做连续、快速的点弹。

⑥滚双颊：双手微握拳，用食指、中指、无名指和小指四指的第一关节的背侧部位着力于双面颊，通过腕关节连续的屈伸摆动及指掌关节的旋转运动，带动前臂和四指关节向外下旋转滚动。

⑦单侧轮指：双手手指自然平伸，食指、中指、无名指和小指四指的指腹交替从下向上轮弹一侧面颊，然后用同样的动作轮弹另一侧面颊，如此反复数次。

⑧双侧轮指：双手手指自然平伸，食指、中指、无名指和小指四指的指腹同时从下向上轮弹两侧面颊，如此反复数次。

（2）操作要点

①滚揉面颊时，力度轻重交替，持续不断；操作时，腕部放松贴实面颊，不跳跃摩擦。

②捏面颊时使用的爆发力，刚中有柔，柔中有刚，灵活自如，柔和深度；提捏时，手法轻重有度，连续移动，轻巧敏捷。

③轮指动作轻巧自如，依次不间断。

（3）作用

①揉、摩、弹、点面颊可以促进皮脂分泌，增加皮肤弹性，疏通面部气血，减缓衰老。

②轮弹（轮指）面颊具有坚实肌肉，增加皮肤弹性的作用。

5. 口、鼻部按摩

（1）按摩手法

①二指推摩：双手横位。中指、无名指并拢，以其指腹在下颏中部同时向两边拉抹至嘴角处。中指、无名指分开，推向人中穴和承浆穴（中指指腹沿上唇外侧至人中穴，无名指指腹沿下唇外侧至承浆穴）。然后中指、无名指沿相同路线拉回嘴角处。最后中指、无名指并拢，用其指腹抹向下颏中部，如此反复数次。

②点"三穴"：双手手指自然平伸，中指指腹叠按承浆穴。两手指分开抹向嘴角两侧的地仓穴，点按地仓穴。双手中指指腹再次叠按人中穴。最后两个手指分开抹向鼻两侧并点按，如此反复数次。

③交剪手，点颊车穴：双手横位。双手食指、中指指腹在上下唇外侧至嘴角两侧交替交剪手（食指、中指分开，沿上下唇外部渐渐拉抚向嘴角两侧，边拉抚，两手指边慢慢并拢）。如此反复数次。然后两指指腹在上下唇外侧至嘴角两侧同时做交剪手，向外上拉抚至颊车穴后，用中指指腹点颊车穴，如此反复数次。

④拉嘴角、抹鼻唇沟：双手手指自然平伸，两中指指腹同时从嘴角两侧的地仓穴沿鼻唇沟上拉至鼻两翼的迎香穴，然后用拇指指腹沿原路线抹至地仓穴，如此反复数次。

⑤上下推拉鼻梁两侧、鼻头打圈：双手竖位。四指自然平伸，拇指交叉，用中指指腹沿鼻梁两侧上下推拉数次。当中指指腹推向鼻头两翼时，在鼻头两翼同时摩小圈，点按迎香穴，如此反复数次。

（2）操作要点

①多次使用点、弹手法。点、弹时轻而柔，稳而准，逐渐加力，不使用爆发力。

②拉抚鼻梁及摩大圈时，动作轻松自如，连贯不间断。

③在鼻部施力要略轻，避免客人感觉呼吸不畅或有不舒适感。

（3）作用

①通过点按穴位，可以开窍通穴，调和气血，坚实肌肤，增加皮肤弹性。

②摩抚鼻梁及面部能加快皮肤血液循环，减少皱纹。

6. 下颏、下颌、颈部按摩

（1）按摩手法

①搓下颏、下颌：双手横位。微握拳，以双手拇指指腹在下颏、下颌部位左右往返移动，交叉搓揉。

②"包"下颌：双手横位。双手四指拖住下颌，用拇指指腹外侧包住下颌向斜上方拉抹。

③摩小圈，弹离下颏：双手横位。中指、无名指并拢，中指、无名指指腹在下颏同时摩小圈，摩3圈后两手迅速向下弹离下颏，如此反复数次。

④点穴：双手中指指腹叠按承浆穴。

⑤拉抹下颌、颈部：双手横位。五指并拢，全掌着力，交替从对侧耳根沿下颌拉抚到同侧耳根。做两遍后，以相同手位由颈根部向上拉抚到下颏，如此反复数次。

（2）操作要点

"搓""包"下颏、下颌时，拇指的力度轻重交替，刚中有柔，柔中有刚，动作缓和连贯，深沉均匀。

（3）作用

①揉、摩、弹、点下颏、下颌可以促进皮脂排出，增加皮肤弹性，疏通下颏、下颌部

气血，减缓衰老。

②在下颏、下颌上使用拇指搓法和包法，其主要作用在于疏通经络，放松肌肉，加速血液循环，增加皮肤新陈代谢。

7. 面部整体按摩 Ⅱ

（1）按摩手法

①开天门：以拇指指腹紧贴于眉心，并从眉心交替拉抹向发际。然后以同样手法从攒竹穴拉抹至发际，如此反复数次。

②抚"双柳"：以拇指指腹从攒竹穴沿双眉拉抹至丝竹空穴，如此反复数次。

③二指拉弹：双手横位。双手中指、无名指并拢，指尖相对，两指指腹紧贴于皮肤。依次拉展额头、面颊、下颏皮肤，每拉展一个部位后，双手中指、无名指都要迅速向内推弹。

④全掌拉抚：双手横位。双手手指自然伸直，四指并拢，全掌着力，交替从眉心经额部向上拉抚至发际。然后改为手竖位，交替从中间向上、向外的方向拉抚一侧面颊，再拉抚另一侧面颊，如此反复数次。

⑤轻推、横抚：双手手指自然伸直，四指并拢，手掌着力，双手从发际轻推至眼部，弹按眼球后向两侧抹开。再以同样手法从眼部下方轻推至双颊，弹按双颊后向两侧抹开，如此反复数次。

⑥抚前额、提下颏、下颌：双手横位。双手五指交叉对握，腕部置于额中部，向两边拉抚，当手腕拉抚至额角时，手掌向下旋转90°，全掌着力，沿双颊轻推至下颏。最后五指交叉，向上提下颏、下颌。

⑦全掌下压：双手竖位。双手自然伸直，四指并拢，全掌着力。全掌依次下压前额、双颊和下颌。

⑧振颤：双手横位。双手自然伸直，四指并拢，全掌着力。一只手按于额部，另一只手托住下颏、下颌双手同时加力，做振颤动作。然后双手交换位置重复此动作，如此反复数次。

⑨收式：双手横位。手指自然伸直，四指并拢，全掌着力，从眉心交替拉抚至发际。拉抚数次后，双手分别轻移至两额角，旋转90°。改为双手竖位，指尖向下，贴面颊轻轻滑下，渐渐离开面颊皮肤，结束全部按摩动作。

（2）操作要点

多次使用拉、抹、抚、推等手法。操作时，轻重结合，快慢结合，力度适中。

（3）作用

面部整体按摩Ⅱ与面部整体按摩Ⅰ前后相互呼应，用简单连贯、大面积着力的动作使顾客充分放松。最后，在顾客身心平静、轻松的状态下结束整套按摩动作。

另附2018全国美容护肤大赛面部按摩视频。

微信扫码
面部按摩Ⅰ（大赛）　　微信扫码
面部按摩Ⅱ（大赛）

六、按摩的基本原则、要求与禁忌

1. 按摩的基本原则

美容按摩具有自身独特的特点，尤其对面部皮肤而言，与其他种类按摩有显著区别。按摩过程中，需尽量减少其局部肌肤的位移，要做到力达深层，而表皮基本不动。在做面部按摩时，为了能够真正达到舒经活血、增加代谢的目的，应注意遵循以下几个基本原则。

①按摩走向从下向上，按摩力度向上带力，向下不带力。当人到一定的年龄以后，由于生理机能的减退，肌肤会出现松弛现象。又由于地心引力的作用，松弛的肌肉会下垂而显现出衰老的状态。因此在按摩时，不应从上向下进行按摩，也不能向下带力按摩，否则会促使肌肉下垂加重，加速肌肤的衰老。

②按摩走向从里向外，从中间向两边。在进行面部抗衰老性按摩时，应尽量将面部的皱纹展开，并推向面部两侧。

③按摩方向与肌肉走向一致、与皮肤皱纹方向垂直。在按摩时，其按摩方向应尽量与肌肉走向一致。因为肌肉的走向一般与皱纹的方向是垂直的，因此在按摩时，只要注意走向与皱纹方向垂直，就能保证与肌肉走向基本平行一致。

④按摩时尽量减少肌肤的位移。当肌肉发生较大位移时，肌肉运动方向的另一侧的肌纤维势必绷紧，过力、持续的张力，会使肌肤松弛，加速其衰老。因此在按摩时，要尽量减少肌肤的位移。使用足够量的按摩介质是防止肌肤位移的有效方法之一。

2. 按摩的要求

①按摩动作要熟练、准确，要能够配合不同部位的肌肉状态交换手形。手指、掌、腕部动作须灵活协调，以适应各部位按摩需要。

②按摩节奏要平稳。

③要按正确的动作频率按摩。轻柔慢缓，有渗透性。

④根据皮肤的不同状态、位置，注意调节按摩力度，特别注意眼周围按摩用力要轻。

⑤根据不同部位的按摩要求，合理掌握按摩时间，整个按摩过程动作要连贯。

⑥按摩时间不可太长，以10～15分钟为宜，整个按摩过程要连贯。

⑦点穴位置准确，手法正确。

3. 按摩注意事项

①在按摩前一定要做面部清洁。

② 按摩过程中，要给予足够的按摩膏（油）。

4. 按摩的禁忌

下列情况不适合做按摩护理。

① 严重过敏性皮肤。

② 特殊脉管状态，如毛细血管扩张、毛细血管破裂等。

③ 皮肤急性炎症、皮肤外伤、严重痤疮。

④ 皮肤传染病，如扁平疣、黄水疮等。

⑤ 严重哮喘病的发作期。

⑥ 骨节肿胀、腺肿胀者。

第六章

面膜技术

教学要求

1. 了解倒硬膜的操作步骤、方法。

2. 熟悉面膜的分类，不同面膜的适用范围和作用。

3. 掌握面膜在皮肤护理中的作用，敷软膜的操作步骤、方法，敷面膜的操作要求、注意事项与禁忌。

第一节 面膜的分类与作用

一、面膜的分类

面膜的种类很多，从其性状区分可分为：凝结性面膜、非凝结性面膜、电离面膜、胶原面膜和纸贴膜。

凝结性面膜包括：硬膜、软膜、蜜蜡面膜、可干啫喱面膜。

非凝结性面膜包括：保湿啫喱面膜、矿泥面膜、膏状面膜、自制天然面膜。

胶原面膜包括：海藻胶原面膜和骨胶原面膜。

二、面膜的作用

面膜是皮肤护理中的重要内容，针对各类皮肤特点定期敷用面膜，可使皮肤清爽、光滑和洁白细嫩，可以使油性皮肤脱脂，粗大的毛孔得到收敛，干枯褶皱的皮肤恢复光泽，暗疮皮肤的炎症得到抑制。面膜的作用如下：

（1）营养作用

面膜将皮肤与空气暂时隔绝，皮肤分泌的皮脂和水分反渗于角质层，并使角质层软化，毛孔扩张，面膜中的有效成分可充分渗透皮肤中，使皮肤在短时间内补充大量营养。

（2）收紧皮肤作用

在面膜干燥过程中，可使皮肤收紧、毛孔收缩，减少细小皱纹，延缓皮肤松弛。

（3）清洁作用

当去除面膜时，可将皮肤上的老化角质细胞、毛孔内深层的污垢一并清除，使皮肤更清洁。

（4）特殊治疗作用

有的面膜添加了各种有效成分，可用于各种问题皮肤（如痤疮、色斑、衰老、敏感等皮肤）。

三、各类面膜的主要成分与作用

1. 凝结性面膜

凝结性面膜涂敷一段时间后，面膜可干燥结成整个膜体，可整体剥脱。

（1）硬膜

硬膜的主要成分是医用石膏粉。硬膜的特点是用水调和后凝固很快，涂敷于皮肤后自行凝固成坚硬的膜体，使膜体温度持续渗透。硬膜又分为冷膜和热膜（图6-1）。

①冷膜：添加冰片、薄荷等具有收敛、消炎作用的药物，通过对皮肤进行冷渗透，从而达到镇静肌肤、收缩毛孔，抑制皮脂过度分泌、清热消炎的作用。

冷膜适用于暗疮皮肤、油性皮肤和敏感皮肤。

②热膜：添加微量矿物质、活性元素及骨胶原等成分，对皮肤进行热渗透，使局部血液循环加快，皮脂腺、汗腺分泌量增加，促进皮肤对营养和药物的吸收，具有增白和减少色斑的效果。

图6-1　硬膜

热膜适用于干性皮肤、中性皮肤、衰老性皮肤和色斑皮肤，也可用于健胸、减肥。敏感皮肤禁用。

（2）软膜

软膜呈粉末状，用水调和呈糊状，主要成分是各种营养添加剂（如珍珠粉、当归粉、人参粉）和成膜剂，软膜的特点是滋润性强，性质温和，适合各类型皮肤（图6-2）。

软膜可分为凝结性软膜和非凝结性软膜。凝结性软膜涂敷一段时间后，面膜体干燥，可凝结成整个膜体，面膜可整体剥脱。反之，非凝结性软膜，待干燥后仍不能成为一个整体进行剥脱。

图6-2　软膜

软膜调和后涂敷在皮肤上形成质地细软的薄膜，性质温和，对皮肤没有压迫感，膜体敷在皮肤上，皮肤自身分泌物被膜体阻隔在膜内，给表皮补充足够的水分，使皮肤明显舒展，细碎皱纹消失。常用的软膜有维生素软膜、叶绿素软膜、当归软膜、珍珠软膜、肉桂软膜和人参软膜。

①维生素软膜：在软膜粉中加入维生素成分，具有抗衰老作用。适用于衰老性皮肤和敏感皮肤。

②叶绿素软膜：在软膜粉中加入叶绿素成分，具有清热解毒作用。适用于油性皮肤和暗疮皮肤。

③当归软膜：在软膜粉中加入中药当归，具有改善肤色、抗老化的作用。适用于缺血性面色苍白、枯黄的皮肤、色斑皮肤及衰老皮肤。

④珍珠软膜：在软膜粉中加入珍珠粉，可使皮肤光滑细腻、延缓衰老。适用于衰老性皮肤和干性皮肤。

⑤肉桂软膜：在软膜粉中加入中药肉桂，具有清热解毒的作用。适用于暗疮皮肤。

⑥人参软膜：在软膜粉中加入人参成分，具有抗衰老的作用。适用于干性皮肤及衰老性皮肤。

（3）蜜蜡面膜

蜡膜是用特制的熔蜡器，将蜡块溶解成30℃左右的液体蜡，然后均匀刷于皮肤上的一种面膜。

主要成分是石蜡油、蜂蜡、矿物油。蜜蜡面膜敷在皮肤上呈封闭状，有效成分的渗透力强，可促进皮脂腺和汗腺的分泌，补充皮肤的水分、养分，使皮肤滋润舒展，增强张力。适用于干性皮肤、中性皮肤、衰老性皮肤，可用于全身各部位的护理，尤其是手部和颈部的保养。但暗疮发炎皮肤、敏感皮肤不宜使用。

（4）可干啫喱面膜

呈半透明黏稠状，涂敷于皮肤后逐渐干燥形成薄膜，可整体揭除。具有深层清洁和一定补水作用。

主要成分是成膜剂、可溶剂、保湿剂和乙醇。可干啫喱面膜干燥后形成一个封闭的薄膜，汗液和皮脂被阻隔于膜体内，使皮肤表层滋润。与皮肤的亲和力较强，揭下膜体时可将毛孔深层污垢及老化角质一起带下，对于收缩毛孔、清洁皮肤有较明显的效果。适用于油性皮肤和老化角质堆积较厚皮肤的清洁和收敛。

2. 非凝结性面膜

这类面膜取材广泛，使用方便，操作简捷，但清除面膜时要反复用清水洗。

（1）保湿啫喱面膜

呈半透明的黏稠状，涂敷于皮肤后不变干，始终保持原状，这种面膜的有效成分是在潮湿状态、发挥作用的，性质温和，保湿性强。主要成分是可溶剂、保湿剂、营养添加剂和少量乙醇。适用于干性皮肤、衰老性皮肤、敏感皮肤或用于眼部护理。

（2）矿泥面膜

是一种含有丰富矿物质的黏土，呈细粉末状，纯天然。用于改善和治疗皮肤因缺少微量元素引起的问题，有漂白、脱脂、消炎、祛斑等作用。适用于暗疮皮肤、油性皮肤和色斑皮肤，尤其对暗疮皮肤有明显的改善效果。

（3）膏状面膜

是生产厂家已调好的面膜。一般为罐装，特点是使用简便，可直接涂敷于皮肤。适用于各类皮肤。下面就几种常见的膏状面膜进行说明。

①美白面膜：面膜中添加漂白成分，长期使用可使皮肤洁白，色斑减轻。适用于中性皮肤、油性皮肤和色斑皮肤。

②调节面膜（舒缓面膜）：面膜中含有敏感调节剂，使敏感皮肤得到相应的调整。适用于敏感性皮肤和干性皮肤。

③控油面膜：面膜中加入分解皮脂成分，这种面膜收敛性强，用后皮肤清爽。适用于油性皮肤。

④ 消炎面膜：面膜中含有过氧苯酰等具有消炎效果的成分，使暗疮的炎症得到治疗和缓解。适用于暗疮皮肤。

⑤ 营养面膜：面膜中含有蛋白质、角鲨烯等营养成分，能补充皮肤营养。适用于衰老性皮肤和干性皮肤。

（4）自制天然面膜

自己动手制作的面膜。可选用天然材料，如新鲜的水果、蔬菜、鸡蛋、蜂蜜、中草药和维生素液等，它的副作用少，不受环境和经济条件的限制，是物美价廉的美容佳品。

① 蛋奶面膜：是由新鲜的鸡蛋、鲜奶或酸奶制成的面膜。根据需要还可添加橄榄油。可以制出适合各种皮肤使用的营养型面膜，适用于家庭使用。

② 脂蜜面膜：是由橄榄油、蜂蜜配制而成的面膜。可滋润皮肤舒展皱纹。适用于干性皮肤、衰老性皮肤及眼部、颈部护理。

③ 果蔬面膜：是由新鲜水果、蔬菜或壳类干果制成的面膜。可补充皮肤的维生素，使皮肤滋润、洁白。果蔬面膜取材方便，应用范围广，不同的果蔬适用于不同的皮肤，但须注意原料一定要新鲜。

a. 香蕉泥面膜：含有丰富的维生素及微量元素钙和钾。适用于干性皮肤和敏感性皮肤。

b. 番茄泥面膜：含有丰富的维生素，有较强的收敛性。适用于油性皮肤和色斑皮肤。

c. 柠檬汁面膜：含有丰富的维生素，漂白祛斑效果明显。适用于油性皮肤和色斑皮肤。

d. 马铃薯面膜：含有丰富的淀粉，可除去皮肤中过多的皮脂，并对面部浮肿、眼袋突出有较好的改善作用。适用于油性皮肤和浮肿部位。

e. 西瓜泥面膜：含有丰富的维生素，对晒黑的皮肤和油脂过多、毛孔粗大的皮肤有明显改善作用。适用于油性皮肤和需要漂白的皮肤。

f. 茄泥面膜：含有丰富维生素及矿物质，对于疤痕皮肤有明显的疗效。

④ 草药面膜：许多中草药对美容都有独特的功效，草药面膜的特点是取材广泛，简单易用，针对性强。

3. 电离面膜

电离面膜也称为电子面膜，利用电流的热效应而发生作用，使用方便简捷。

（1）电离面膜的作用

① 热效应使毛孔彻底打开，将油性皮肤积存于毛孔中的油脂污垢清除掉。

② 热效应可促进血液循环、增加营养的渗透，补充干性皮肤所需要的水分和营养物质。

（2）电离面膜的应用

适用于干性皮肤、衰老性皮肤和油性皮肤。

（3）电离面膜使用的注意事项

① 敏感皮肤、暗疮发炎皮肤、微细血管爆裂皮肤禁用。

② 电子面膜切忌直接放在面部，应先涂底霜，并放纱布，再盖上湿毛巾，最后放上电子面膜。

③ 眼部要垫上湿润的消毒棉片。

4. 胶原面膜

（1）海藻胶原面膜

海藻胶原面膜是从海生植物中提炼的，性质温和的面膜。

① 海藻胶原面膜的作用：

　a. 可以补充皮肤的水分、矿物质和维生素，使皮肤润滑洁白。

　b. 增强细胞活力及皮肤弹性，延缓皮肤衰老。

② 海藻胶原蛋白面膜的性状、主要成分及应用：海藻胶原面膜呈细碎颗粒状，遇水后黏成一团。富含多种维生素、氨基酸、碘钙磷等矿物质以及海藻胶、海藻蛋白等营养成分，适用于油性皮肤、干性皮肤、衰老性皮肤、中性皮肤，但暗疮发炎的皮肤禁用，敏感皮肤须慎用。

（2）骨胶原面膜

骨胶原面膜多为百分之百的水溶性胶原蛋白在真空下冷冻干燥而成，是一种营养性强、效果明显且成本较高的面膜。

① 骨胶原面膜的作用

a. 补充皮肤的胶原蛋白与弹力素等营养成分，恢复皮肤弹性，舒展皱纹。

b. 漂白皮肤，减少色斑。

c. 补充皮肤的水分，使皮肤光滑细腻。

② 骨胶原面膜的性状、主要成分与应用：骨胶原面膜似一张弹性和收缩性较强的软纸，吸湿后会缩小并将有效成分释放，因此要密封保存。骨胶原面膜的主要成分是胶原蛋白、维生素E、水解蛋白，适用于干性皮肤、油性皮肤、色斑皮肤、衰老性皮肤。

③ 骨胶原面膜使用注意事项：发炎的皮肤和有创伤的皮肤不能使用骨胶原面膜，它会使炎症部位增生，增加创伤部位创伤程度，产生纤维疤痕。

5. 纸贴膜

纸贴膜是使用最方便的一种面膜，直接敷在脸上即可。

纸贴膜中的纸是作为一种载体，真正起作用的是纸上沾有的高浓度精华液。而作为载体的纸，通常是由无纺布制成的，一般是将调配好的高浓度营养精华液吸附在织布纸上。纸贴膜补水保湿、美白皮肤和滋养修护功效显著，而对皮肤深层清洁的效果就不如清洗式和剥离式面膜了。

<h1 style="text-align:center">第二节　敷面膜</h1>

一、敷面膜的步骤、方法

用面膜为顾客进行皮肤护理，是美容服务的一项重要内容之一，其关键的技术环节是根据顾客的皮肤状况正确选用面膜。需兑水调制的面膜，要掌握其稀稠程度，动作熟练、迅速。此项技能需在实践中加强训练。

1. 敷软膜的操作步骤、方法

软膜一般都是粉状，其操作步骤一般为六步：准备工作、皮肤滋润、调膜、敷膜、启膜和清洗。

（1）准备工作

① 彻底清洁敷膜部位皮肤。

② 将包头毛巾四周用纸巾包严。

（2）皮肤滋润

① 涂保湿水。

② 涂营养霜。

（3）调膜

① 将适量膜粉置于消毒后的容器内。

② 加入适量蒸馏水或流质，用倒膜棒迅速将其调成均匀糊状。调粉过程（从倒入蒸馏水时计算）应在30秒内完成。

（4）敷膜

用消毒、浸泡后的柔软面膜刷或倒膜棒将糊状软膜均匀涂抹于面部。

① 涂抹顺序：一般情况下，鼻孔下面空气流动度大、面膜易干，所以最后涂抹。涂抹的顺序依次为前额、双颊、鼻、颈、下颏、口周。

② 涂抹方向：从中间向两边，从下往上涂抹。

③ 敷涂面膜过程应在1分钟内完成。

（5）启膜和清洗

① 涂膜后让其自然干透，等待约15分钟。

② 启膜。若是凝结性面膜，可从下颌、颈部的膜边将膜掀起，慢慢向上卷起，轻轻撕下；若是非凝结性面膜，应先用海绵扑沾水将其浸湿，待其柔软后轻轻抹去。

③ 用清水彻底洗净。

④ 面部拍（喷）收缩水（保湿水）。

⑤ 涂营养霜。

2. 敷普通面膜的步骤、方法

普通面膜，一般指膏状面膜。涂敷方法除没有调膜步骤外，其他步骤、方法与敷软膜相同。

3. 倒硬膜的操作步骤、方法

倒硬膜的过程一般分为五步：准备工作、调膜、敷膜、启膜和清洗。

（1）准备工作

① 彻底清洁倒膜部位皮肤。

② 将头重新包好，将头发尽量包入包头毛巾内。

③ 用纸巾将包头毛巾、颈巾包严。

④ 询问顾客是否有感冒、咳嗽等呼吸道不适症，以及心脏病、胸闷、恐黑等症，以便确定在倒膜时，是否可以将顾客口、眼盖住。

⑤ 根据顾客皮肤特点，选用合适的营养底霜，均匀地涂于整个面部。眼部可用营养眼霜。对于汗毛过密、偏长者，应将底霜适当涂厚，对于额部、鼻部、下颏也可适当多涂一些底霜，以便于启膜。

⑥ 用潮湿的薄棉片或两层纱布将眼睛、眉毛、嘴盖住，并用细细的棉絮将鬓角裸露的所有毛发盖住。

当顾客有不适症时，应适当留出口或眼睛的部位不遮盖、不倒膜。

（2）调膜

① 将250~300克左右的膜粉置于干燥消毒后的容器内。

② 加入适量的蒸馏水（冬季倒热膜时，应用温的蒸馏水），用倒膜棒将膜粉迅速调成均匀的糊状。

（3）敷膜　用倒膜棒将糊状硬膜迅速、均匀地涂敷于面部。

① 涂抹顺序、方向：与软膜相同。

② 涂抹部位：一般情况下，倒冷膜时，应将眼睛、鼻孔空出，不倒膜；倒热膜时，除空出鼻孔不倒膜外，全部面颊整个倒膜；遇有恐黑或鼻孔呼吸不畅的顾客时，应空出眼睛或嘴，不倒膜。

③ 整个涂敷硬膜过程应在1分钟内完成。

④ 涂敷面膜后，应立即将盛面膜的倒膜碗、倒膜棒迅速清洗干净。

（4）启膜

① 涂膜15~20分钟后，用手轻触膜面，检查面膜是否干透。

② 当面膜干透后，请顾客做一个微笑或鼓腮的动作，以便皮肤与膜体脱离。

③ 美容师双手拇指扶住颏部膜子上沿，轻轻向上托起面膜，将膜与面部皮肤分开。

④ 双手拇指不动，再用双手食指托住面膜两侧，四指同时用力，将面膜向上轻轻托

起，使面膜与脸颊皮肤分开。

⑤ 双手托住面膜，稍离开顾客面部约1厘米左右，停留3～5秒，使顾客眼睛适应光线后，将膜取下丢入污物桶。

（5）清洗

① 将面部清洗干净。

② 拍（喷）收缩水（保湿水）。

③ 涂润肤营养霜。

另附2018全国美容护肤大赛敷面膜视频。

二、敷面膜的用品、用具

① 皮肤护理的常用工具：洁面盆、包头毛巾、颈巾、洁面海绵等。

② 调制膜粉的倒膜碗、倒膜棒，涂敷软膜、普通面膜的面膜刷。

③ 面膜：普通面膜、软膜或硬膜。

④ 纸巾、底霜、营养霜。

▶ 微信扫码 ◀
敷面膜（大赛）

三、敷面膜的操作要求、注意事项与禁忌

1. 敷面膜的操作要求

① 根据顾客皮肤状态，正确选用面膜。

② 糊状面膜稠稀适度。太稀，易流淌又不易成形；太稠，来不及上膜。

③ 倒膜动作迅速、熟练，涂抹方向、顺序正确。

④ 倒膜厚薄适度、均匀，膜面光滑，边缘流畅整齐，硬膜应能整膜取下。

⑤ 倒膜过程干净、利索，倒膜全部结束，周围不遗留膜粉渣滓，不污染头发。

⑥ 面膜粉量取用合适，既够用又不要有剩余。

2. 倒膜注意事项

① 严重过敏性皮肤慎用。如遇敷面膜后过敏者，应用温水反复轻柔清洗面部，以彻底清除过敏源，并大量喝水，一般2～4小时可自行恢复。

② 局部有创伤、烫伤、发炎感染等暴露性皮肤症状者禁用。

③ 严重的心脏病、呼吸道感染、高血压等病的患者，在发病期应慎用或禁用硬膜。

④ 敷盖在口、眼部的湿棉片既不可太薄，也不能过厚。湿棉片太薄膜粉会渗透直接接触皮肤，过厚则影响倒膜的效果。同样，其大小也要合适，棉片太大，影响倒膜效果，过小，不能将口、眼部遮严。

⑤ 盛倒膜粉的容器，在倒入膜粉之前，一定要保持干燥，以免影响倒膜效果。

⑥ 切忌忘记涂底霜。

⑦ 切忌在敷倒膜前尚有裸露的毛发未被盖严。

3. 面膜的使用时间

① 面膜的敷用时间

一般15～20分钟。应避免敷用时间过长，免得面膜干后反从皮肤中吸收水分，适得其反。水分含量高的，可以多敷一会，但也不能时间太长，以免影响皮肤呼吸。

② 使用面膜的间隔时间

硬膜：由于石膏具有很强的吸水性和收敛作用，并有一定的压迫感，故硬膜不宜经常使用，一般一个月做一次。

软膜：通常是每周1、2次，但还应根据皮肤类型和面膜的种类而定。有些面膜明确标示有使用方法，如5天一疗程，或是10天3片，要根据说明使用。如果是特殊情况下救急，可天天使用。

第七章
头部、耳部按摩

1. 掌握头部按摩常用穴位，并能准确点穴。
2. 熟练掌握头部按摩手法、耳部按摩手法。

一、头部美容常用穴位

（1）百会穴

定位：头部前后正中线与两耳尖连线交点处取穴。

（2）神聪穴

定位：百会穴前、后、左、右各3.3厘米处取穴（四穴一名）。

（3）神庭穴

定位：头部正中线，入发际1.6厘米处取穴。

（4）头维穴

定位：左右各一，于额角发际直上1.6厘米，距神庭穴15厘米处取穴。

（5）风池穴

定位：枕骨下缘，胸锁乳突肌与斜方肌之间凹陷处，与耳根相平。

（6）风府穴

定位：后发际正中直上3.3厘米，枕骨隆凸直下凹陷处取穴。

（7）头临泣穴

定位：瞳孔直上入前发际1.6厘米处取穴。

二、头部按摩手法

1. 梳理头发

将顾客包头巾打开，头发散开，美容师双手扣于头部，四指稍分开，呈"梳子"状。双手交替从头围向头顶梳理头发，如此反复数次。

2. 点"四穴"

双手微屈。双手拇指指腹叠按神庭穴；然后两拇指分开，同时点按两侧头维穴，再之后双手拇指再一次叠起，点按头顶处的百会穴，最后两拇指分开，分别点按神聪穴。

3. 揉按头部

双手五指分开，固定在头部，先揉按头顶部3遍，再从风池部逐渐向上揉按颞部。

4. 抓弹头部

双手五指稍分开微弯曲，五指指腹着力，手腕放松，从头周围向头顶，用爆发力迅速抓住头部，又迅即弹离抓弹头皮，如此反复数次。

5. 提头发

顾客头发散开，美容师双手横位，手心向上，四指稍分开。双手五指交错同时插入头发中，然后五指并拢夹住头发，轻轻颤动着上提，如此反复数次。

6. 叩击头部

双手合十，掌心空虚，五指分开，腕部放松，快速抖动手腕，用双手小指外侧着力，叩击头部，如此反复数次。

三、耳部按摩

1. 剪刀手拉抹点穴

双手相对，食指和中指耳前耳后反复拉抚，用手指侧面抚搓耳轮。然后用食指、中指指腹反复拉抹耳前耳后面部皮肤，并用食指点按听宫穴、听会穴，中指点按翳风穴。

2. 揉按双耳

双手手指微弯曲，用拇指指腹轻揉耳郭。

3. 推按耳朵

整个手掌将耳朵向前推，用耳郭压住耳孔，扣于头部两侧，双掌缓缓用力，轻轻推按数次后慢慢放开。或用手掌直接放于耳外，扣于头部两侧，双掌缓缓用力，轻轻推按数次后慢慢放开。如此反复数次。

4. 弹击耳后

左手食指、中指将右耳向前推压住耳孔，用右手拇指、中指弹击右耳耳后。相同方法左右手交换动作弹击左耳耳后。

5. 塞外耳道

双手中指塞入外耳道后，向前、后、上、下、向内推按后拔出。

第八章

颈肩部皮肤护理

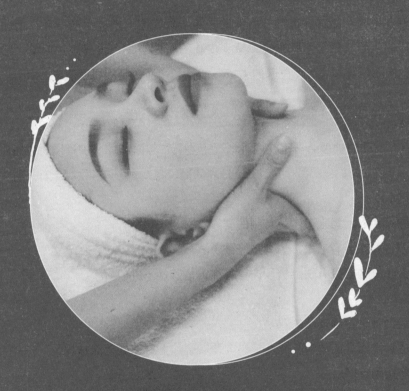

1. 了解颈肩部骨骼、肌肉；颈肩部皮肤的特点、护理的目的和作用。
2. 掌握颈肩部美容常用穴位，并能准确点穴。
3. 掌握颈肩部皮肤的护理步骤及方法；颈肩部按摩手法。

一、颈、肩部皮肤的特点

颈、肩部皮肤因皮脂腺分布少，油脂分泌量极少，通常因缺失水分及养分而显得干燥。尤其是颈部长期暴露在外，皮肤较脆弱，若缺乏保养，更容易变得干燥缺水、松弛老化、过早出现皱纹，显出老态，再加上颈部缺少运动、年龄增长等原因会导致双下巴出现，大大影响了颈部的美观。肩部皮肤经常处于紧张状态，若负荷过量，同样容易出现早衰现象，随着吊带装的流行，对肩部皮肤的养护也就变得同样重要了。

二、颈、肩部皮肤护理的作用

通过专业护理，能够促进颈、肩部皮肤的新陈代谢，增进血液循环，增加养分的输送和营养物质的供给，延缓肌肤衰老，减少皮肤的假性皱纹，缓解松弛现象，增加皮肤的弹性和光泽，从而恢复颈、肩部皮肤的柔嫩、细腻和弹性，延缓肌肤衰老。

三、颈、肩部皮肤的护理步骤及方法

颈、肩部皮肤的护理通常是在两种情况下进行：与面部皮肤护理同时进行；将颈、肩部护理作为一个独立的护理项目单独进行。护理的部位包括颈、肩和手臂上部（肘关节以上）。

1. 准备工作

① 请顾客更衣，换上美容院特制的美容衣。

② 请顾客躺在美容床上，为其盖好被子。

③ 包头（顾客若带有项链、耳饰等首饰，请其摘下并收好）。

2. 护理步骤

① 清洁消毒美容师自己的双手。

② 取适量洗面乳或清洁乳分点于顾客颈、肩、上臂等处并涂抹均匀。

③ 稍作按圈打磨。

④ 用温水和毛巾洗去洗面乳，清洁颈、肩部皮肤。

⑤ 观察、判断皮肤状况，如是否有松弛、干燥等现象，是否有双下巴、颈纹等。

⑥ 根据状态用去角质产品去角质。

⑦ 按摩。

⑧ 导入精华素。

⑨ 敷膜。

⑩ 拍化妆水。

⑪ 涂抹滋润液。

⑫ 涂抹营养霜。

四、颈、肩部皮肤的日常保养

① 肩、颈部皮肤和面部皮肤一样进行清洁。

② 早晚清洁肩、颈皮肤后涂抹颈霜（或颈部乳液）。

③ 每周做1～2次颈膜。

④ 沐浴后肩、颈部涂颈霜。

⑤ 每日坚持做颈部运动，以免肌肉松弛。

五、肩、颈部骨骼、肌肉及常用穴位

1. 肩部骨骼

① 锁骨：构成颈、胸交界处的呈"～"形细长骨骼，左右各一块。

② 肩胛骨：位于胸廓的后外上方的三角形扁骨，左右各一块。

③ 肱骨：构成上臂的长骨。它的上端与肩胛骨的肩关节盂共同构成肩关节。

2. 肩、背部肌肉

① 斜方肌：位于颈部和背上部浅层，为呈三角形的扁肌，两侧合在一起呈斜方形。起自枕外隆凸、项韧带和全部胸椎棘突，肌束向外集中止于锁骨、肩峰和肩胛冈。上部肌束可上提肩胛骨，下部肌束可使肩胛骨下降。当肩胛骨固定时，两侧斜方肌收缩可使头后仰，一侧收缩，使颈向同侧屈，面转向对侧。收缩时可以运动肩胛骨并参与头部转动。

② 背阔肌：位于背下部及胸部后外侧，为全身最大的扁肌。背阔肌收缩时使臂内收、后伸及旋内。当上肢上举固定时，此肌收缩可引体向上。收缩时可以控制手臂的摇摆动作。

③ 三角肌：位于肩部，呈三角形。起自锁骨的外侧段、肩峰和肩胛冈，肌束逐渐向外下方集中，止于肱骨三角肌粗隆。肱骨上端由于三角肌的覆盖，使肩关节呈圆隆形。收缩时主要使肩关节外展。前部肌束收缩可使肩关节屈和旋内，后部肌束可使肩关节伸和旋外。收缩时可以控制肩关节活动，抬举、转动上臂。

3. 常用穴位

（1）俞府穴

定位：在锁骨下缘，前正中线旁开2寸处取穴。

（2）气户穴

定位：位于人体的胸部，当锁骨中点下缘，距前正中线4寸处取穴。

（3）大椎穴

定位：第七颈椎与第一胸椎棘突之间取穴。

（4）肩井穴

定位：大椎穴与肩峰连线的中点处取穴。

（5）肩髃穴

定位：肩峰前下方，肩峰与肱骨大结节之间。上臂平举时，肩部出现两个凹陷，前方的凹陷就是肩髃穴处取穴。

（6）肩髎穴

定位：肩峰后下方，上臂平举时，与肩髃穴后寸许之凹陷中取穴。

（7）肩中俞穴

定位：大椎穴旁开2寸处取穴。

（8）巨骨穴

定位：锁骨肩峰端与肩胛冈之间凹陷处取穴。

六、颈、肩部按摩手法

微信扫码
颈、肩部按摩

1. 展开按摩膏

双手掌交替横向拉抹颈部、前胸部，将按摩膏均匀展开，重复3遍。

2. 按摩胸部

双手横位，双手四指并拢，掌心向下，合掌着力。双手交替从颈根部向上拉扶至下颌，并慢慢向颈两侧移动，最后止于耳根下方。四指在耳后加力打圈按摩耳后淋巴结，向下打圈按摩至腋窝，过锁骨时不加力，到腋窝时顺势推下，甩手，重复3遍。

3. 按胸部穴位

双手拇指点按俞府、气户，每穴3次，拇指用推抹手法安抚点按穴位。之后双手包肩、包颈至风池穴并抬按风池穴，重复3遍。

4. 按肩部穴位

双手拇指点按肩中俞、肩井、巨骨、肩髃、肩髎，拇指用推抹手法安抚点按穴位，揉按肩关节。

5. 揉拿斜方肌

双手包肩至颈部，揉拿斜方肌。

6. 拨颈、肩部

双手微握拳，用四指指关节外侧拨推颈、肩部。

7. 拨斜方肌

双手掌向上伸入顾客背部，虎口卡住肩颈，四指在肩下方，拇指在肩上方，双手交替向上向外拨斜方肌，如此反复数次。

8. 揉膀胱经，点按风池、风府穴

顶揉背部膀胱经，逐渐向上到巨骨穴，再向上至风池穴。用双手中指指腹抬按两侧风池穴，然后双手中指指腹叠起点按风府穴，如此反复数次，止于风府穴。

9. 拿揉项部

一手伸入后项部，拿揉项部肌肉，换手做相同动作。

10. 拿捏肩臂

自颈部两侧沿双肩、上臂至肘部拿捏，然后沿原路线返回复位，如此反复数次。

11. 叩击肩臂

双手呈马蹄形。腕部放松，以拇指、小指和大鱼际外侧着力。双手交替抖腕用爆发力叩击肩部、两臂。如此反复叩击数次。

12. 拉抚肩部

双手横位，双手四指并拢，手心向下，指尖相对，全掌紧扣颈两侧，向下推抚至胸上部，双手改为竖位向两侧抚位，抚至肩头后双手翻掌，绕过肩头至肩背部，沿肩形向上拉抚，最后止于风池穴，如此反复6~8次。

第九章

手部皮肤护理

教学要求

1. 了解美容院常见护手项目介绍；家庭手部护理保养。
2. 掌握手部护理的准备工作及操作程序。
3. 掌握手臂部常用穴位及应用；手臂部按摩手法。

　　手是人的第二容颜，尤其是女性。拥有一双白皙嫩滑、保养得体的双手彰显了女人的魅力及风情。

　　在现代社会快节奏的生活中，女性为事业、家庭奔波忙碌，往往忽略了对手部的保养和修饰，不经意间，手部肌肤变得干燥、粗糙、布满细纹，老态流露，为女性的美增添了几分尴尬和无奈。因此懂得如何为顾客进行手部肌肤护理就尤为重要了。

一、手部护理的准备工作及操作程序

1. 主要用品和用具

洗面奶、去角质乳、按摩膏（霜）、面膜、毛巾、保鲜膜、脸盆、温水。

2. 准备工作

将干净毛巾分别铺于顾客两侧胳膊下，以防弄脏被子。

3. 手部护理的程序及方法

① 用清洁乳或洗面奶分点于手部。

② 由下往上推匀。

③ 清洁。

④ 喷雾。

⑤ 去角质。

⑥ 涂抹按摩霜（油），按摩。

⑦ 敷膜。

　　a. 敷软膜

　　Ⅰ. 用软毛小刷子将调成糊状的软膜均匀刷于顾客手掌及手背上。

　　Ⅱ. 铺上软布或用毛巾将手包起来。

　　b. 敷硬膜

　　Ⅰ. 将保鲜膜平铺于硬纸板上。

　　Ⅱ. 将调好的糊状硬膜粉的一半倒在保鲜膜上，并将其铺平成顾客双手掌大小。

　　Ⅲ. 顾客双手五指并拢，掌心朝下置于铺平的糊状膜粉上。

　　Ⅳ. 将另一半糊状膜粉倒到客人双手背面。

　　Ⅴ. 将膜均匀推平。

⑧ 卸膜。

⑨ 涂抹护手霜。

注：若顾客还有美甲需求，可继续为其修饰指甲。

二、手部护理注意事项

做护理时美容师应建议顾客除去手上饰物，检查顾客手部皮肤有无伤口或皮肤病，若有异常症状，不宜进行此项护理。

三、美容院常见护手项目

美容院里护手项目很多，可根据不同顾客的需求为其设计护理方案，常见的护手项目大致有以下几种。

1. 手部嫩白护理

操作程序：清洁→去角质→柔肤手膜→美白防护液。

适合人群：手部皮肤发黄发暗、无光泽、晒后需修复者。

2. 手部补水泥膜护理

操作程序：清洁→去角质→精油按摩→柔嫩特效补水泥膜→护手霜。

适合人群：手部皮肤粗糙、缺水、角质堆积、纹路明显、指纹粗糙者。

四、手臂部常用穴位及应用

1. 合谷穴

定位：手背第一、二掌骨之间凹陷，虎口进深一拇指节处。

应用：感冒、疼痛；五官病症。

2. 中渚穴

定位：手背第四、五掌骨之间凹陷处。

应用：耳聋、耳鸣；咽喉痛；肩背痛、落枕。

3. 劳宫穴

定位：手掌心第一、二横纹中点。握拳中指、无名指尖所对应处。

应用：心前区痛；中暑。

4. 阳谷穴

定位：在手腕尺侧，当尺骨茎突与三角骨之间的凹陷处。

应用：头痛、目眩、耳鸣、耳聋；热病、癫狂病；腕臂痛。

5. 阳溪穴

定位：在腕背横纹桡侧，拇短伸肌腱与拇长伸肌腱之间的凹陷处。

应用：头痛、目赤肿痛、耳聋、耳鸣；齿痛、咽喉肿痛；手腕痛。

五、家庭手部护理保养

手部常年暴露在外，经风吹、日晒、洗涤剂等损伤，容易变得干燥、粗糙，除了进行专业手部护理外，平常的家庭保养也很重要。家庭手部护理保养应注意以下几个方面。

1. 使用温和性质的皂、液洗手，并及时涂抹护手霜

手部皮脂腺很少，若常用肥皂等强碱性产品洗手，容易破坏皮肤表面层的酸性保护膜。应选用性质温和的清洁皂、液洗手，并及时涂抹护手霜以滋润保湿。

2. 做家务时带上橡胶手套，防止化学物品对手的伤害

用洗衣粉、洗涤剂等化学液剂洗衣服或洗厨具和餐具时，由于此类清洁用品化学成分高、碱性大，会大量洗掉手上油脂，因此对手部皮肤伤害极大。所以，做此类家务时应戴上橡胶手套，保护手部肌肤，防止皮肤粗糙干裂、起皱纹等。

3. 保暖保湿

在寒冷季节，皮肤较干燥，血液循环较差，手部皮肤容易干燥，可在晚间就寝前涂上护手霜并戴上薄棉手套睡觉，使手部肌肤的干燥状况得以改善，增加润滑感。

4. 防晒

夏季紫外线强烈，烈日暴晒会使皮肤变黑、变粗糙。夏日里要注意涂一些防晒霜或戴薄棉手套保护手部肌肤。

5. 坚持做手部运动

不经常活动会使手显得僵硬，缺乏弹性、灵活性以及协调性，所以平时应多注意做一些手部运动，如利用看电视等闲暇时间做模仿弹琴的手指运动，这样能使手指变得柔软、灵活。还要适时进行手部按摩，将按摩油或橄榄油抹在手上，用大拇指指腹进行打圈式按摩。

6. 注意随时修剪指甲，保持指甲的清洁光亮

六、手部按摩手法

▶ 微信扫码 ◀
手部按摩

1. 展开按摩膏

美容师双手交替横向安抚顾客手臂和手部，将按摩膏均匀展开。

2. 按摩手指背部

美容师左手托住顾客的手（顾客手心向下），以右手拇指和食指指腹轻轻捏住顾客的手指。用右手拇指指腹在顾客手指背侧，从指尖开始向上摩小圈至指根部位后，用力攥住手指拉回指尖，在指尖部加力，并迅速弹离顾客手指。按摩时从小指向拇指依次进行。每根手指重复3～5次。

3. 按摩手指两侧

美容师左手托住顾客的手（顾客手心向下），右手微弯曲，手心向下呈钳形，用食

指、中指夹住顾客的手指两侧，并按摩其手指两侧。

4. 拉抹手指

从顾客指根部向指尖部来回拉抹手指两侧和手背。最后停至指尖后，用食指、中指屈指扣住指尖快速弹出（有响声），每个手指重复3~5次。

5. 按摩手背

美容师双手四指分别托住顾客的手（顾客手心向下），用双手拇指指腹沿顾客各掌骨之间从指根部向上、外方向摩圈至腕部，按摩其手背部。沿各掌骨之间拉回后，分别用双手拇指点按合谷穴、中渚穴。每节动作可重复3~5次。

6. 按摩手掌

美容师双手托住顾客的手（顾客手心向上），将顾客的拇指和小指分别卡于美容师的无名指和小指之间。美容师在用小指、无名指分别卡住顾客的小指和拇指时，用食指、中指和无名指分别托住顾客的手背，同时用拇指指腹在顾客手心交替向外、上方向推抹，如此反复数次，并揉按劳宫穴。

7. 搓掌、指部

双手拇指搓手掌、大、小鱼际后逐渐从大指、小指搓出，搓掌心逐渐从食指、无名指搓出，再搓掌心逐渐从中指搓出。

8. 按摩手臂

美容师左手托住顾客手腕部，右手从腕部向上推抚至肩部，翻掌至手臂下方拉回，与此同时美容师左手翻掌至顾客手臂上方，向上推抚，翻掌至手臂下方拉回，如此反复数次。

9. 捏揉手臂

美容师左手托住顾客的手腕（顾客手心向下），右手手掌从顾客手腕由下向上，由内向外捏揉到肩部，再拉抹回腕部。如此反复3~5次。

10. 收放血管

双手捏住顾客指尖，交替向其腕部挤按，使其手部呈缺血状（发白），至腕部上方后逐渐放开，使其手部血管充盈。

11. 屈伸手腕

美容师左手托住顾客的左腕，将顾客的前臂竖起，与上臂呈90°。美容师右手的四指与顾客左手的四指交叉。然后，美容师右手用力向外下方压顾客的左手，随后美容师的右手指根部尽力向上抬，将顾客的手指、手掌向手臂方向推，最后美容师用手掌叩击顾客手掌，如此反复数次。

12. 旋转手腕、肘部

美容师将顾客手臂竖起，左手握住顾客手腕部，右手四指与顾客的四指交叉，慢慢向左、向右方向旋转手腕，如此反复数次后，美容师左手托住顾客肘部，慢慢向左、向右方向旋转肘部，如此再反复数次。

13. 活动腕关节

美容师用双手拇指、食指捏住顾客手腕，其他三指托住手掌并向上翻动手掌，最后点按阳谷穴、阳溪穴。

14. 抖动手、手臂各关节

顾客手臂自然平伸，放松。美容师双手握住顾客手掌，腕部放松，上、下快速抖动，带动顾客整个手臂随之抖动，如此反复数次。

15. 叩击手臂

双手对掌，抖动腕部，叩敲上臂。

第十章

眼部皮肤护理

教学要求

1. 了解眼部的生理结构。
2. 熟悉眼部常见问题的形成原因。
3. 掌握眼部的护理程序。

第一节 概述

在专业美容院中，眼部护理已经独立成为一个专门的美容项目，美容院眼部护理是美容师通过一定非医学手段，对顾客的眼睑部皮肤进行外部保养。预防或缓解眼袋、黑眼圈、鱼尾纹等眼睑部皮肤问题。

一、眼部生理结构

1. 眼部表面结构

眼睑分上、下两部分，上睑较下睑宽而大，上、下睑缘间的空隙称睑裂。睑裂边缘为睑缘，宽约2mm。睑缘有一灰白色分界线即睑缘灰线将睑缘分为前唇和后唇，灰线前缘有睫毛，后缘有睑板腺开口。上睑与下睑交界处为内眦、外眦。内眦部有泪阜，上、下睑缘近内侧处各有一泪乳头及泪点，泪点紧贴球结膜，泪液经此泪小管入泪囊，最后经鼻泪管由下鼻道流出。

2. 眼睑分层

（1）皮肤

为人体最薄的皮肤，因此易形成皱纹。

（2）皮下组织

由疏松的结缔组织构成，弹性较差，易推动，常因渗液或出血而肿胀。

（3）肌层

包括眼轮匝肌，提上睑肌和苗氏肌。

① 眼轮匝肌是括约肌，以睑裂为中心环形走行的扁平肌，收缩时引起睑裂关闭。

② 提上睑肌属横纹肌，主要功能是上提上睑。

③ 苗氏肌属平滑肌，在受惊、兴奋激动时收缩使眼裂开大。

（4）肌下组织

与皮下组织性质相同，位于眼轮匝肌与睑板之间，有丰富的血管神经。

（5）纤维层

包括睑板和眶隔。

① 睑板呈半月形，由致密的纤维组织构成，是眼睑的支架。

② 眶隔是睑板向四周延伸的一薄层有弹性的结缔组织膜，内有眶脂肪充盈。老年人以及肿眼泡者眶脂肪多从眶隔的薄弱处疝出。

（6）睑结膜

为覆盖于眼睑后面的黏膜层，起减轻摩擦、保护眼睛的作用。

3. 眼部的主要神经、血管

眼睑神经：眼睑周的神经主要有感觉神经如眶上、眶下神经，滑车上、下神经，泪腺神经等；运动神经为面神经的颞支、颊支、颧支等。

眼睑部血管：睑内、外眦动脉在肌下疏松组织内，距睑缘约3毫米处形成血管弓，静脉与其伴行，神经与血管伴行。

淋巴回流：淋巴回流至颌下淋巴结、耳前和腮腺淋巴结。

二、眼部皮肤的特点

眼睑皮肤比脸部皮肤薄、细嫩，对外界刺激较敏感。皮下结缔组织薄而松，水分多，弹性较差，容易引起水肿。以眼轮匝肌和提上睑肌构成的眼部肌层薄而娇嫩，脂肪组织少，加之眼部每天开合次数达1万次以上，故很容易引起肌肉紧张，弹性降低，出现眼袋、松弛、皱纹等现象。眼部周围皮肤皮脂腺和汗腺很少，水分很容易蒸发，皮肤容易干燥、衰老。

第二节　常见眼部损美问题

由于眼部特殊的生理结构，导致眼部很容易出现眼疲劳、浮肿、黑眼圈、眼袋、鱼尾纹、脂肪粒等损美现象。

一、眼袋

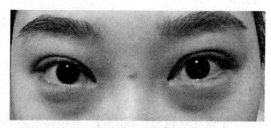

图10-1　眼袋

下睑皮肤、眶隔膜松弛，眶脂肪脱出，于睑下缘上方形成袋状膨大（图10-1）。

1. 眼袋的成因

①年龄因素。人到了中老年，由于眼睑皮肤逐渐松弛，皮下组织萎缩，眼轮匝肌和眶隔膜的张力降低，出现脂肪堆积，形成眼袋，主要是下睑垂挂畸形型。

②遗传因素。有家族遗传史者，眼袋可出现于青少年时期，且随着年龄的增长愈加明显，多为单纯脂肪膨出型。

③疾病因素。如患有肾病者，会因血液、淋巴液等循环功能减弱造成眼睑部体液堆积

而形成或加重眼袋。

④生活习惯。疲劳，失眠，经常哭泣，戴隐形眼镜时不正确的翻动、拉扯、搓揉眼部，使之失去弹性而松弛。

2. 眼袋的类型

（1）暂时性眼袋

是指因睡眠不足、用眼过度、肾病、怀孕、月经不调等导致血液、淋巴液等循环功能减退，造成暂时性体液堆积，形成眼袋。它可以通过一些护理手段得以改善，但如不及时治疗，日积月累也会形成永久性的眼袋，特别是年龄较大的人。

（2）永久性眼袋

①下睑垂挂畸形型：由于年龄的增大，整个肌体功能的衰退，使皮肤、肌肉及眶隔膜松弛，眶脂肪脱垂所致。

②单纯皮肤松弛型：此种情况为下眼睑及外眦皮肤松弛，但无眶隔膜松弛及眶脂肪疝出。

③单纯脂肪膨出眼袋型：此类型多为年轻人，与遗传因素有关。

④肌性眼袋型：主要原因为眼轮匝肌肥厚。

永久性眼袋一旦形成，只能通过整形美容手术祛除，因此，美容师绝不能盲目承诺治疗效果而招致不必要的纠纷。

二、黑眼圈

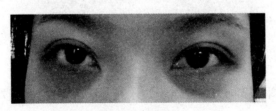

图10-2　黑眼圈

当眼周皮下静脉血管中的血液循环不良，导致眼周淤血或眼周皮肤发生血色素滞留时，均会使上、下睑皮肤颜色加深，出现黑色、褐色、青蓝色或褐红色的阴影（图10-2）。

黑眼圈的形成原因目前还不十分清楚，可能为常染色体显性遗传，但长期睡眠不足、过度疲劳、患肝胆疾病、内分泌紊乱、局部静脉曲张、外伤和化妆等都是导致黑眼圈的原因。

（1）睡眠不足，疲劳过度

当人体疲劳过度，特别是夜间工作，眼睑长时间处于紧张状态，致使该部位的血流量长时间增加，引起眼睑皮肤结缔组织血管充盈，导致眼圈淤血，滞留下阴影。

（2）肝肾阴虚或脾虚

根据中医理论，黑眼圈是肝肾阴虚或脾虚的一种皮肤表现。肾气耗伤则肾之黑色浮于上，因此眼圈发黑。同时伴有失眠、食欲不振、心悸等症状。

（3）月经不调

黑眼圈还常出现于月经不调的患者身上，多见于未婚女青年。患有功能性子宫出血、原发性痛经、月经紊乱等，均会出现黑眼圈。这些情况或多或少兼有贫血或轻度贫血。在苍白的面色下，黑眼圈会显得更突出。

（4）遗传

先天眼周围皮肤薄，皮下组织少。

（5）生活习惯

吸烟过多、盐分摄入过量、化妆品使用不当等均可导致黑眼圈。

三、鱼尾纹（见图10-3）

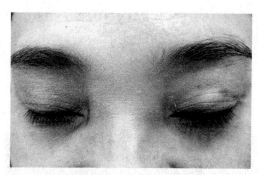

图10-3　鱼尾纹

在眼角外侧的皱褶线条称为鱼尾纹，由于其形态类似鱼尾翼纹线，故称鱼尾纹（图10-3）。

鱼尾纹的成因主要有如下几点。

（1）年龄因素

由于皮肤衰老、松弛，胶原纤维和弹性纤维减少断裂而形成，是面部皮肤衰老最早的征象，也是人衰老的主要标志。

（2）表情因素

做某种表情所形成的，如人笑的时候，眼角会形成自然的鱼尾纹。

（3）环境因素

阳光的照射、环境的污染或环境温度过高、过低也会使皮肤的胶原蛋白及黏多糖体减少，眼部的弹性纤维组织断裂，从而产生鱼尾纹。

（4）生活习惯

洗面的水温过高或过低，或吸烟过多等。

四、其他

1. 脂肪粒

脂肪粒是针尖至粟粒大的白色或黄色状硬化脂肪颗粒，表面光滑呈小片状，单独存在，互不融合，埋于皮内，容易发生在较干燥、易阻塞或代谢不良的部位，如眼睑、面颊及额部。医学上又称粟丘疹。

脂肪粒形成原因如下。

① 皮肤新陈代谢缓慢，毛孔堵塞。

② 皮肤保养不当：皮肤长期缺乏清洁保养或使用油性过大营养成分高的眼霜、日霜等化妆品，使毛孔阻塞，油脂无法排泄，进而皮脂硬化形成脂肪粒；或长期缺乏滋润保养，表皮偏干，油脂不易排出。

③ 饮食失调：营养不良，引起皮肤干燥，代谢不良，油脂聚积，不易排出。

④ 皮肤的微小伤口：擦伤、搔抓部位或面部炎症后皮肤自行修复过程中形成的白色小囊肿。

2. 眼疲劳

眼睛水晶体周围的肌肉负责对焦，肌肉太疲劳，就会导致眼睛疲劳和视力减弱，眼睛干涩，出现红血丝、流泪、眼花等现象，这些都是眼疲劳的症状，尤其是长期伏案工作或用计算机工作的人群更容易出现眼疲劳，严重的还会出现颈、头痛等症。

眼疲劳形成原因如下。

① 用眼过度，导致眼周肌肉疲劳。

② 眼泪分泌减少，眼睛干燥。

③ 生活因素：营养不良、经常失眠、烟酒过度、各种外来刺激和污染，均易发生眼疲劳。

=== 第三节 眼部护理程序 ===

一、专业护理方法

1. 清洁

眼部清洁要选用专业的眼部卸妆液或卸妆油。清洁时动作一定要轻柔，不要过度拉扯皮肤，以免眼睛提前老化。

2. 爽肤

水润面部角质层，可给皮肤假性补水，提高洁面时抗摩擦能力，将角质变得松软，打开毛孔。

3. 按摩

根据眼部不同的状况选择按摩手法对眼部进行按摩，正确的眼部按摩可以使眼部皮肤血液循环加速、提高新陈代谢、增强细胞活性、延缓衰老，可以帮助眼部皮肤的淋巴回流以消除眼部肿胀。

① 四指轻按内眼角和鼻梁之间，轻抚眼部，然后向两边拉抹至太阳穴，并点按太阳穴。

② 四指在眼周沿眼轮匝肌轻抚。

③ 在眼角两侧鱼尾纹处打竖圈，并用中指指腹点按太阳穴。

④ 点穴：依次点按瞳子髎穴、球后穴、承泣穴、四白穴、睛明穴、攒竹穴、鱼腰穴、丝竹空穴。

⑤ 双手美容指同时在眼周走"8"字，左右反复数次，点按睛明穴、太阳穴。

⑥ 指腹交替轻轻向上拉抹外眼角处皮肤，反复多次后，一手呈剪刀状拉抹眼部，另一手在眼袋处拉抹（或轻推）。反复多次，做完一侧做另一侧。

⑦ 双手手指自然分开，平伸。"弹琴式"快速地点弹下睑皮肤，然后沿眉骨抹至太阳穴。调换方向，即沿眉骨点弹，从内眼角至外眼角拉抹下眼睑皮肤。

⑧ 四指在眼周沿眼轮匝肌轻抚。

注意眼部按摩力度要轻，动作要舒缓。按摩时可配合精油，也可以根据美容院条件做眼部刮痧。

4. 眼部精华仪器导入

选用眼部专用具有不同功效的精华，用手指轻柔地涂抹在眼周，涂抹时顺眼轮匝肌生长方向环形均匀涂抹，开启仪器（超声波美容仪、纳米微晶仪等）调至适宜的强度，将仪器的探头置于眼周，环形打圈运动。注意运动过程中要将仪器探头避开眼球凸起部位，以免损伤眼球。待精华完全吸收后即可结束操作。

5. 眼膜

根据不同的护理目的选择具有不同功效的专业美容产品中的眼膜，以解决不同的眼部问题。眼膜可以在短时间内补充水分，消除疲劳，增加肌肤弹性，快速减轻浮肿和黑眼圈现象。

6. 滋养

护理结束后应选用眼霜对眼周皮肤进行滋润。

二、家居护理办法

1. 眼部家居护理注意事项

① 保证充足睡眠，提高睡眠质量，注意睡姿。

② 每天多喝水，尤其是早上起床时，晚上睡前则不宜饮太多水。

③ 保证营养，多吃富含维生素A和维生素B族的食物。

④ 保持乐观的情绪，坚持锻炼，保持身体健康。

⑤ 纠正不良习惯：比如揉眼睛、眯眼睛、眨眼睛，阳光猛烈的时候要戴上太阳镜，避免过度的面部表情。

⑥ 眼部皮肤是全身最薄的皮肤，卸妆或化妆时，动作要轻柔，切忌用力拉扯皮肤。眼部卸妆要用专用的卸妆液；画下眼线时尽量不拉动下眼睑，可以用干粉扑来稳定手的位置。

⑦ 早晚要用眼霜，早上用紧致眼霜，晚上用补水滋润眼霜。

⑧ 经常按摩眼部，促进血液循环，紧实肌肉，消除眼部疲劳。

⑨ 眼膜护理，可每周1~2次，给以眼部深层补水和放松。

⑩ 佩戴隐形眼镜的时候，尽量减少对眼睑的牵拉。

2. 使用眼霜的正确方法

皮肤的衰老最先从眼睛开始，眼部的保养非常重要，20岁左右就应该使用眼霜，油脂分泌旺盛的时候应选用比较清爽的眼霜。当皮肤分泌功能比较差，皮肤偏干以及干性皮肤就要选用营养成分相对丰富的眼霜。

眼霜是一种功能性护肤品，用量不能过大，米粒大小的眼霜每次最多用两粒，否则容易长脂肪粒。

涂抹眼霜的步骤如下：

① 早晚洁面后用无名指蘸取眼霜，轻轻点在上下眼睑，着重在眼袋和眼尾至太阳穴的延伸部位；

② 轻轻地以点拍的方式，将眼霜涂抹均匀；

③ 用无名指指腹在眼周做环形按摩，动作要轻，不要拉扯皮肤；

④ 点按眼部穴位；

⑤ 最后将双手指腹搓热，轻轻按压眼部皮肤，让眼霜充分吸收。

参考文献

[1] 中国就业培训技术指导中心. 美容师（初、中、高级）[M]. 北京：中国劳动社会保障出版社，2006.

[2] 杜莉. 现代美容技术（修订版）[M]. 北京：中国轻工业出版社，2011.

[3] 汤明川. 美容指导·面部护理[M]. 上海：上海交通大学出版社，2009.

[4] 阎红. 面部皮肤护理[M]. 上海：上海交通大学出版社，2007.

[5] 陈丽娟. 美容皮肤科学[M]. 北京：人民卫生出版社，2014.

[6] 申泽宇. 美容美体技术[M]. 上海：复旦大学出版社，2019.

[7] 周瑞祥，杨桂姣. 人体形态学[M]. 北京：人民卫生出版社，2012.

[8] 刘荣志，刘秀敏，张为民. 人体解剖学与组织胚胎学[M]. 北京：中国科学技术出版社，2013.

[9] 何黎，刘玮. 皮肤美容学[M]. 北京：人民卫生出版社，2008.

[10] Milady. 国际美容护肤标准教程[M]. 马东芳，译. 北京：人民邮电出版社，2016.

[11] 冰寒. 问题肌肤护理全书[M]. 青岛：青岛出版社，2019.

[12] 庆田朋子. 护肤美容[M]. 吴梦迪，译. 南京：江苏凤凰文艺出版社，2019.

[13] 董银卯，孟宏，马来记. 化妆品科学与技术丛书——皮肤表观生理学[M]. 北京：化学工业出版社，2018.

[14] 刘纲勇. 化妆品原料[M]. 北京：化学工业出版社，2017.

[15] 李利. 美容化妆品学[M]. 北京：人民卫生出版社，2011.

[16] 李仰川，詹馥妤. 化妆品学原理[M]. 5版. 台北：新文京，2018.

[17] 谷建梅. 化妆品安全知识读本[M]. 北京：中国医药科技出版社，2017.

[18] 刘恒兴，任同明. 全彩人体解剖学图谱[M]. 2版. 北京：军事医学科学出版社，2007.

[19] 温树田. 美容皮肤科学基础[M]. 北京：高等教育出版社，2006.

[20] 乔国华. 现代美容实用技术[M]. 北京：高等教育出版社，2005.

[21] 裴名宜. 医疗美容技术[M]. 北京：人民卫生出版社，2010.

[22] 张春彦. 美容礼仪教程[M]. 北京：人民军医出版社，2010.

[23] 位汶军. 美容礼仪[M]. 2版. 北京：人民卫生出版社，2014.

[24] 刘强，程跃英，熊蕊. 美容解剖与生理[M]. 上海：上海交通大学出版社，2014.